U0254474

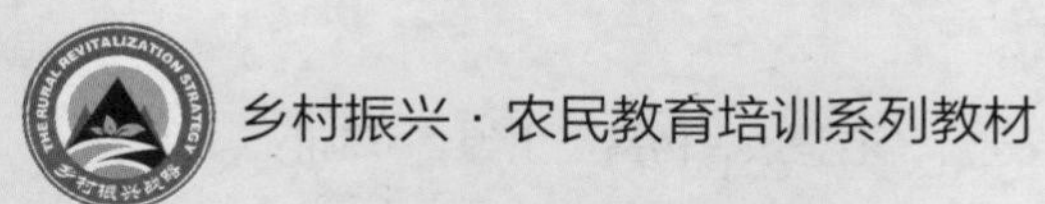
乡村振兴·农民教育培训系列教材

高标准农田
建设与管护

檀建辉　毛慧敏　杨昌剑　主编

中原农民出版社
·郑州·

图书在版编目（CIP）数据

高标准农田建设与管护 / 檀建辉，毛慧敏，杨昌剑主编 .—郑州：中原农民出版社，2023.2
ISBN 978-7-5542-2688-9

Ⅰ．①高… Ⅱ．①檀… ②毛… ③杨… Ⅲ．①农田基本建设 – 研究 Ⅳ．① S28

中国国家版本馆 CIP 数据核字（2023）第 010724 号

高标准农田建设与管护
GAOBIAOZHUN NONGTIAN JIANSHE YU GUANHU

出 版 人：刘宏伟
策划编辑：王学莉
责任编辑：王艳红
责任校对：尹春霞
责任印制：孙　瑞
装帧设计：薛　莲

出版发行：中原农民出版社
地址：郑州市郑东新区祥盛街 27 号　　邮编：450016
电话：0371-65788656（编辑部）
经　　销：全国新华书店
印　　刷：河南美图印刷有限公司
开　　本：850 mm×1168 mm　1/32
印　　张：6.5
字　　数：180 千字
版　　次：2023 年 2 月第 1 版
印　　次：2023 年 2 月第 1 次印刷
定　　价：30.00 元

如发现印装质量问题影响阅读，请与印刷公司联系调换。

本书编委会

主　编　檀建辉　毛慧敏　杨昌剑

副主编　朱　慧　姚敏娜　于善增　蒙江平

　　　　杨姬龙　王卫东

编　委　秦　群　张广慧　林青华　杨忠生

　　　　唐清根　张心怡　杨　虹　王艳华

　　　　蔡星明　王爱娟　刘　伟　张媛哲

　　　　刘慧超　张成明　李森业

前　言

高标准农田建设是指为减轻或消除主要限制性因素、全面提高农田综合生产能力而开展的田块整治、灌溉与排水、田间道路、农田防护与生态环境保护、农田输配电等农田基础设施建设和土壤改良、障碍土层消除、土壤培肥等农田地力提升活动。建设高标准农田，是巩固和提高粮食生产能力、保障国家粮食安全的关键举措。

本书结合当前全国高标准农田建设面临的形势，依据《全国高标准农田建设规划（2021—2030年）》编写而成。本书共九章，分别为高标准农田建设概述、第三次土壤普查、高标准农田建设政策、高标准农田分区建设、高标准农田基础设施建设、高标准农田地力提升活动、高标准农田基础工程施工管理、高标准农田建设评价与验收、高标准农田建后管护。本书结构清晰、内容丰富、语言通俗、技术先进，具有可读性和实用性，可作为各级农田建设管理人员、农田建设技术人员和农田建设相关高素质农民的培训教材。

由于时间仓促，水平有限，书中难免存在不足之处，欢迎广大读者批评指正！

编　者

目　录

第一章 高标准农田建设概述

第一节 高标准农田建设的相关概念

一、高标准农田的定义和特点

（一）高标准农田的定义

耕地是农业生产的重要物质基础，高标准农田是耕地中的精华。

由农业农村部牵头修订，经国家市场监督管理总局、国家标准化管理委员会批准发布的《高标准农田建设　通则》（GB/T 30600—2022）（以下简称《通则》），用于统一指导全国的高标准农田建设。《通则》指出，高标准农田是指田块平整、集中连片、设施完善、节水高效、农电配套、宜机作业、土壤肥沃、生态友好、抗灾能力强，与现代农业生产和经营方式相适应的旱涝保收、稳产高产的耕地。这一定义是对高标准农田的最新解释。

从这一定义中可以看出，高标准农田必须是耕地，而不是园地、林地、草地等。耕地是指种植农作物的土地，包括水田、水浇地、旱地。其中，水田是指用于种植水稻、莲藕等水生农作物的耕地，包括实行水生、旱生农作物轮种的耕地。水浇地是指有水源保证和灌溉设施，在一般年景能正常灌溉，种植旱生农作物（含蔬菜）的耕地，包括种植蔬菜的非工厂化的大棚用地。旱地是指无灌溉设施，主要靠天然降水种植旱生农作物的耕地，包括没有灌溉设施仅靠引洪淤灌的耕地。

（二）高标准农田的特点

从上述高标准农田的定义中，可以看出高标准农田有以下几个特点：土地平整，集中连片，设施完善，农电配套，土壤肥沃，生态良好，抗灾能力强，与现代农业生产和经营方式相适应，旱涝保收，高产稳产。

二、高标准农田建设的定义和内容

（一）高标准农田建设的定义

我国土地资源禀赋不高，农业基础设施建设相对滞后，当前除部分农田满足高标准农田的要求外，大多数农田均存在或多或少的限制因子，需要通过工程措施来推动高标准农田建设。

《通则》指出，高标准农田建设是指为减轻或消除主要限制性因素、全面提高农田综合生产能力而开展的田块整治、灌溉与排水、田间道路、农田防护与生态环境保护、农田输配电等农田基础设施建设和土壤改良、障碍土层消除、土壤培肥等农田地力提升活动。

高标准农田建设首先应将达到高产稳产要求且布局稳定的耕地划入高标准农田范畴；其次，将那些划入高标准农田建设区的，对作物生长有一定限制性因素，但经过整治后能够达到高标准农田标准的耕地进行改造建设。

（二）高标准农田建设的内容

从上述高标准农田建设的定义中，可以看出高标准农田建设内容主要包括农田基础设施建设工程和农田地力提升工程。其中农田基础设施建设工程包括田块整治、灌溉与排水、田间道路、农田防护与生态环境保护、农田输配电等建设内容；农田地力提升工程包括土壤改良、障碍土层消除、土壤培肥等建设内容。

具体来说，高标准农田建设主要涉及田、土、水、路、林、电、技、管八个方面目标。

1. 田　通过合理归并和平整土地、坡耕地田坎修筑，实现田块规模适度、集中连片、田面平整，耕作层厚度适宜，山地丘陵区梯田化率提高。

2. 土　通过培肥改良，实现土壤通透性能好、保水保肥能力强、酸碱平衡、有机质和营养元素丰富，着力提高耕地内在质量和产出能力。

3. 水　通过加强田间灌排设施建设和推进高效节水灌溉等，增加有效灌溉面积，提高灌溉保证率、用水效率和农田防洪排涝标准，实现旱涝保收。

4. 路　通过田间道（机耕路）和生产路建设、桥涵配套，合理增加路面宽度，提高道路的荷载标准和通达度，满足农机作业、生产物流要求。

5. 林　通过农田林网、岸坡防护、沟道治理等农田防护和生态环境保护工程建设，改善农田生态环境，提高农田防御风沙灾害和防止水土流失能力。

6. 电　通过完善农田电网、配套相应的输配电设施，满足农田设施用电需求，降低农业生产成本，提高农业生产的效率和效益。

7. 技　通过工程措施与农艺技术相结合，推广数字农业、良种良法、病虫害绿色防控、节水节肥减药等技术，提高农田可持续利用水平和综合生产能力。

8. 管　通过上图入库和全程管理，落实建后管护主体和责任、管护资金，完善管护机制，确保建成的工程设施在设计使用年限内正常运行、高标准农田用途不改变、质量有提高。

第二节

高标准农田建设的背景和意义

一、高标准农田建设的背景

（一）建设成效

1. 提高了国家粮食综合生产能力　据农业农村部统计，2021年全国新建成1亿多亩（亩＝1/15公顷）高标准农田，累计已完成9亿多亩高标准农田建设任务。通过完善农田基础设施，改善农业生产条件，增强了农田防灾抗灾减灾能力，巩固和提升了粮食综合生产能力。建成后的高标准农田，亩均粮食产能增加10%～20%，稳定了农民种粮的积极性，为我国粮食连续多年丰收提供了重要支撑。

2. 推动了农业生产方式转型升级　高标准农田通过集中连片开展田块整治、土壤改良、配套设施建设等措施，解决了耕地碎片化、质量下降、设施不配套等问题，有效促进了农业规模化、标准化、专业化经营，带动了农业机械化提档升级，提高了水土资源利用效率和土地产出率，加快了新型农业经营主体培育，推动了农业经营方式、生产方式、资源利用方式的转变，有效提高了农业综合效益和竞争力。

3.改善了农田生态环境　高标准农田通过田块整治、沟渠配套、节水灌溉、林网建设和集成推广绿色农业技术等措施，调整优化了农田生态格局，增强了农田生态防护能力，减少了农田水土流失，提高了农业生产投入品利用率，降低了农业面源污染，保护了农田生态环境。建成后的高标准农田，农业绿色发展水平显著提高，节水、节电、节肥、节药效果明显，促进了山水林田湖草整体保护和农村环境连片整治，为实现生态宜居打下了坚实基础。

4.拓宽了农民增收致富渠道　高标准农田建设通过完善农田基础设施、提升耕地质量、改善农业生产条件，降低了农业生产成本，提高了产出效率，增加了土地流转收入，显著提高了农业生产综合效益，从各地实践看，平均每亩节本增效约500元，有效增加了农民生产经营性收入。

（二）主要问题

1.建设任务十分艰巨　目前，我国大部分耕地仍然存在着基础设施薄弱、抗灾能力不强、耕地质量不高、田块细碎化等问题。《乡村振兴战略规划（2018—2022年）》提出到2022年建成10亿亩高标准农田，《中华人民共和国国民经济和社会发展第十四个五年规划和2035年远景目标纲要》要求“十四五”末建成10.75亿亩集中连片高标准农田，《全国国土规划纲要（2016—2030年）》提出到

2030年建成12亿亩高标准农田，新增建设任务十分繁重。同时，受到自然灾害破坏等因素影响，部分已建成高标准农田不同程度存在着工程不配套、设施损毁等问题，影响农田使用成效，改造提升任务仍然艰巨。现有高标准农田无论是数量规模还是质量等级，都不适应农业高质量发展的要求。

2. 建设标准偏低　过去一个时期，高标准农田建设在资金使用、建设内容、组织实施等方面要求不统一。随着高标准农田建设的深入推进，集中连片、施工条件较好的地块越来越少，建设难度不断增大，建设成本持续攀升，资金需求大、筹措难。受此影响，一些地方高标准农田建设内容不完善、工程措施不配套，难以达到国家标准。

3. 建后管护机制亟待健全　农田建设三分建、七分管。一些地方存在重建设、轻管护的问题，未能有效落实管护责任，管护措施和手段薄弱，后续监测评价和跟踪督导机制不完善，日常管护不到位，设施设备损毁后得不到及时有效修复，常年带病运行，工程使用年限明显缩短。部分地区存在建成高标准农田被占用问题，个别地区甚至出现撂荒现象。

4. 绿色发展需进一步加强　早期建设的高标准农田侧重产能提升而对改善农田生态环境重视不够，在高标准农田项目设计、施工各环节，未能充分体现绿色发展理念，存在简单硬化沟渠道路等影响生态环境的问题。加之因缺乏与良种良法良机良制等措施的有效融合，一些高标准农田建成后，仍然沿用传统粗放的生产方式，资源消耗强度大，耕地质量提升不明显，支撑现代农业绿色发展的作用未能充分发挥。

二、高标准农田建设的意义

（一）保障国家粮食安全的重要基础

守住“谷物基本自给，口粮绝对安全”战略底线，耕地是基础。新中国成立 70 多年来，虽然农田建设取得较大进步，但农田水利“最后一公里”问题依然突出，农业靠天吃饭的局面仍未根本改变。这就要求我们必须把关系十几亿人吃饭大事的耕地保护好、建设好，让“旱能灌、涝能排”、稳产高产的高标准农田成为保障国家粮食安全的坚实基础。

（二）推动农业转型升级的有效手段

集中连片建设高标准农田，不仅可以为绿色技术的推广创造条件，还能促进水、肥、药等农业投入品减量增效，推动农业绿色发展，让广大乡村变成“看山望水记乡愁”的美丽家园。而通过以规模化的高标准农田替代碎片化的零散耕地，也有利于提升农业规模效益，提升农业机械化水平，提升农业组织化程度，显著提高农业综合效益，推动农业发展转型升级。

（三）促进小农户与现代农业有机衔接的重要抓手

“大国小农”是我国的基本国情，也是我国农业发展需要长期面对的现实。通过集中连片开展高标准农田建设，改善农业生产条件，可以增强小农户抗灾减灾能力，促进小农户与现代农业有机衔接，为发展现代农业夯实基础。

第三节 高标准农田建设的目标和原则

一、高标准农田建设的目标

在2021至2030年的规划期内，集中力量建设集中连片、旱涝保收、节水高效、稳产高产、生态友好的高标准农田，形成一批“一季千斤、两季吨粮”的口粮田，满足人们粮食和食品消费升级需求，进一步筑牢保障国家粮食安全基础，把中国人的饭碗牢牢端在自己手上。通过新增建设和改造提升，力争将大中型灌区有效灌溉面积优先打造成高标准农田，确保到2022年建成10亿亩高标准农田，以此稳定保障1万亿斤（1斤＝500克）以上粮食产能。到2025年建成10.75亿亩高标准农田，改造提升1.05亿亩高标准农田，以此稳定保障1.1万亿斤以上粮食产能。到2030年建成12亿亩高标准农田，改造提升2.8亿亩高标准农田，以此稳定保障1.2万亿斤以上粮食产能。把高效节水灌溉与高标准农田建设统筹规划、同步实施，规划期内完成 1.1 亿亩新增高效节水灌溉建设任务。到 2035 年，通过持续改造提升，全国高标准农田保有量和质量进一步提高，绿色农田、数字农田建设模式进一步普及，支撑粮食生产和重要农产品供给能力进一步提升，形成更高层次、更有效率、更可持续的国家粮食安全保障基础。

全国高标准农田建设的主要指标见表 1–1。

表 1–1　全国高标准农田建设主要指标

<table>
<tr><th>序号</th><th>指标</th><th>目标值</th><th>属性</th></tr>
<tr><td rowspan="5">1</td><td rowspan="5">高标准农田建设</td><td>到 2022 年累计建成高标准农田 10 亿亩</td><td rowspan="5">约束性</td></tr>
<tr><td>到 2025 年累计建成高标准农田 10.75 亿亩</td></tr>
<tr><td>到 2025 年累计改造提升高标准农田 1.05 亿亩</td></tr>
<tr><td>到 2030 年累计建成高标准农田 12 亿亩</td></tr>
<tr><td>到 2030 年累计改造提升高标准农田 2.8 亿亩</td></tr>
<tr><td rowspan="2">2</td><td rowspan="2">高效节水灌溉建设</td><td>到 2022 年累计建成高效节水灌溉面积 4 亿亩</td><td rowspan="2">预期性</td></tr>
<tr><td>2021~2030 年新增高效节水灌溉面积 1.1 亿亩</td></tr>
<tr><td rowspan="2">3</td><td rowspan="2">新增粮食综合生产能力</td><td>新增高标准农田亩均产能提高 100 千克左右</td><td rowspan="2">预期性</td></tr>
<tr><td>改造提升高标准农田产能不低于当地高标准农田产能的平均水平</td></tr>
<tr><td>4</td><td>新增建设高标准农田亩均节水率</td><td>10% 以上</td><td>预期性</td></tr>
<tr><td>5</td><td>建成高标准农田上图入库覆盖率</td><td>100%</td><td>预期性</td></tr>
</table>

二、高标准农田建设的原则

（一）政府主导、多元参与

切实落实地方政府责任，加强政府投入保障，提高资金配置效率和使用效益。尊重农民意愿，维护农民权益，积极引导广大农民群众、新型农业经营主体、农村集体经济组织和各类社会资本参与高标准农田建设和管护，形成共谋一碗粮、共抓一块田的工作合力。

（二）科学布局、突出重点

依据国土空间规划、衔接水资源利用等相关专项规划，科学确定高标准农田建设布局，主要在农产品主产区，以永久基本农田为基础，优先在粮食生产功能区、重要农产品生产保护区建设高标准农田，筑牢国家粮食和重要农产品安全阵地。

（三）建改并举、注重质量

落实高质量发展要求，在保质保量完成新增高标准农田建设任务的基础上，合理安排已建高标准农田改造提升，切实解决部分已建高标准农田设施不配套、工程老化、建设标准低等问题，有效提升高标准农田建设质量。

（四）绿色生态、土壤健康

将绿色发展理念贯穿于高标准农田建设全过程，切实加强水土资源集约节约利用和生态环境保护，强化耕地质量保护与提升，防止土壤污染，实现农业生产与生态保护相协调，提升农业可持续发展能力。

（五）分类施策、综合配套

根据自然资源禀赋、农业生产特征及生产主要障碍因素，因地制宜确定建设重点与内容，统筹推进田、土、水、路、林、电、技、管综合治理，完善农田基础设施，实现综合配套，满足现代农业发展需要。

（六）建管并重、良性运行

加强高标准农田建设和利用评价，确保建设成效。完善管护机制，落实管护主体和管护经费，确保工程长久发挥效益。完善耕地质量监测网络，强化长期跟踪监测。

（七）依法严管、良田粮用

对建成的高标准农田实行严格保护，全面上图入库，强化用途管控，遏制“非农化”、防止“非粮化”。强化高标准农田产能目标监测与评价。完善粮食主产区利益补偿机制和种粮激励政策，引导高标准农田集中用于重要农产品特别是粮食生产。

第二章

第三次土壤普查

2022 年 2 月 16 日，国务院印发《关于开展第三次全国土壤普查的通知》(简称《通知》)，决定自 2022 年起开展第三次全国土壤普查，利用 4 年时间全面查清农用地土壤质量家底。《通知》明确了普查总体要求、对象与内容、时间安排、组织实施、经费保障和工作要求。2022 年 7 月 20 日，国务院第三次全国土壤普查领导小组办公室印发《第三次全国土壤普查技术规程（试行）》，规范了第三次全国土壤普查（简称“土壤三普”）的总体组织与任务要求，包括资料收集整理与准备工作、外业调查采样与内业测试化验等具体操作流程、质量控制体系、成果汇总与验收等。

第一节 第三次土壤普查的重要意义和目标

一、什么是土壤普查

（一）土壤普查的概念

土壤普查是对土壤形成条件、土壤类型、土壤质量、土壤利用及其潜力的调查，包括立地条件调查、土壤性状调查和土壤利用方式、强度、产能调查。普查结果可为土壤的科学分类、规划利用、改良培肥、保护管理等提供科学支撑，也可为经济社会生态建设重大政策的制定提供决策依据。

（二）土壤三普和第三次全国国土调查的区别

第三次全国国土调查，简称“国土三调”。

1. 范围不同　土壤三普对象是全国耕地、园地、林地、草地等农用地和部分未利用地的土壤。其中，林地、草地中突出与食物生产相关的土地，未利用地重点调查与可开垦耕地资源潜力相关的土地，如盐碱地等。调查面积约为陆地国土的76%。国土三调对象是我国陆地国土。

2. 目的不同　土壤三普目的是查明全国土壤类型及分布规律，全面查清土壤资源现状和变化趋势，掌握土壤质量、土壤健康等基础数据，实现对土壤的“全面体检”。国土三调目的是全面查清某一时间节点全国土地资源数量及利用状况，掌握真实准确的土地利用状况基础数据。

3. 内容不同　土壤三普是对土壤理化和生物性状、土壤类型、土壤立地条件、土壤利用情况等的普查。国土三调是对土地利用现状及变化情况、土地权属及变化情况等的调查。

4. 方法不同　土壤三普是调查采集表层土壤样品，挖掘土壤剖面、采集分层土样，分析化验土壤理化性状等，是三维立体式调查。国土三调是在第二次全国土地调查利用类型图基础上，通过遥感影像对土地利用现状进行判读，实地调查核实变化土地的地类、面积和权属，是二维平面式调查。

土壤三普与国土三调相互衔接，土壤三普需要用国土三调形成的土地利用现状图来编制工作底图，土壤三普成果可推动土地利用类型布局的优化，为确定特色农产品规划布局、后备耕地资源开发利用、土地治理等工作提供科学依据。

二、重要意义

土壤三普是一次重要的国情国力调查，对全面真实准确掌握土壤质量、性状和利用状况等基础数据，提升土壤资源保护和利用水平，落实最严格耕地保护制度和最严格节约用地制度，保障国家粮食安全，推进生态文明建设，促进经济社会全面协调可持续发展具有重要意义。

（一）是守牢耕地红线确保国家粮食安全的重要基础

随着经济社会发展，耕地占用刚性增加，要进一步落实耕地保护责任，严守耕地红线，确保国家粮食安全，需摸清耕地数量状况和质量底数。全国第二次土壤普查（以下简称“土壤二普”）距今已40年，相关数据不能全面反映当前耕地质量实况，要落实藏粮于地、藏粮于技战略，守住耕地质量红线，需要摸清耕地土壤质量状况。在国土三调已摸清耕地数量的基础上，迫切需要开展土壤三普工作，实施土壤的“全面体检”。

（二）是落实高质量发展要求加快农业农村现代化的重要支撑

完整、准确、全面贯彻新发展理念，推进农业发展绿色转型和高质量发展，节约水土资源，促进农产品量丰质优，都离不开土壤肥力与健康指标数据作支撑。推动品种培优、品质提升、品牌打造和标准化生产，提高农产品质量和竞争力，需要翔实的土壤特性指标数据作支撑。指导农户和新型农业经营主体因土种植、因土施肥、因土改土，提高农业生产效率，需要土壤养分和障碍指标数据作支撑。发展现代农业，促进农业生产经营管理信息化、精准化，需要土壤大数据作支撑。

（三）是保护环境促进生态文明建设的重要举措

随着城镇化、工业化的快速推进，大量废弃物排放直接或间接影响农用地土壤质量。农田土壤酸化面积扩大、程度增加，土壤中重金属活性增强，土壤污染趋势加重，农产品质量安全受威胁。土壤生物多样性下降、土传病害加剧，制约土壤多功能发挥。为全面掌握全国耕地、园地、林地、草地等土壤性状、耕作造林种草用地土壤适宜性，协调发挥土壤的生产、环保、生态等功能，促进“碳中和”，需开展全国土壤普查。

（四）是优化农业生产布局助力乡村产业振兴的有效途径

人多地少是我国的基本国情，需要合理利用土壤资源，发挥区域比较优势，优化农业生产布局，提高水土光热等资源利用率。推进“十四五”规划纲要提出的优化农林牧业生产布局落实落地，因土适种、科学轮作、农牧结合，因地制宜多业发展，实现既保粮食和重要农产品有效供给又保食物多样，促进乡村产业兴旺和农民增收致富，需要土壤普查基础数据作支撑。

三、普查目标

开展土壤三普是为了全面摸清我国土壤质量家底，服务国家粮食安全、生态安全，促进农业农村现代化和生态文明建设。遵循普查的全面性、科学性原则，以土壤学理论和现代科学技术及手段为支撑，衔接已有成果，借鉴以往经验做法，强化统一工作平台、统一技术规程、统一工作底图、统一规划布设采样点位、统一筛选测试分析专业机构、统一过程质控的“六统一”技术路线，坚持摸清土壤质量与完善土壤类型、土壤性状普查与土壤利用调查、外业调查观测与内业测试化验、土壤表层样与剖面样采集、摸清土壤障碍因素与提出改良培肥措施、政府保障与专业支撑等“六个结合”工作方法，按照“统一领导、部门协作、分级负责、各方参与”组织实施，通过4年左右的时间，实现对耕地、园地、林地、草地与部分未利用地土壤的“全面体检”。

第二节
第三次土壤普查的对象与内容

一、普查对象

全国耕地、园地、林地、草地等农用地和部分未利用地。林地、草地中突出与食物生产相关的土地，未利用地重点调查与可开垦耕地资源潜力相关的土地，如盐碱地等。

二、普查内容

以校核与完善土壤分类系统和绘制土壤图为基础，以土壤理化和生物性状普查为重点，更新和完善全国土壤基础数据，构建土壤数据库和样品库，开展数据整理审核、分析和成果汇总。查清不同生态条件、不同利用类型土壤质量及其障碍退化状况，查清特色农产品产地土壤特征、后备耕地资源土壤质量、典型区域土壤环境和生物多样性等，全面查清农用地土壤质量家底，系统完善我国土壤类型。

（一）土壤类型校核完善

以土壤二普形成的分类成果为基础，通过实地踏勘、剖面观察等方式核实与补充土壤类型，完善土壤发生分类系统，并推进典型区域土壤系统分类。

（二）土壤剖面性状调查

通过主要土壤类型的剖面挖掘观测、剖面样本制作、土壤样品采集和测试分析，普查剖面土壤发生层及其厚度、边界、颜色、质地、孔隙、结持性、新生体、植物根系和动物活动等。对于典型障碍土壤剖面，重点普查1米土壤剖面内沙漏、砾石、黏磐、盐磐、铁磐、砂姜层、白浆层、潜育层、钙积层等障碍类型、分布层次等。

（三）土壤理化和生物性状分析

通过土壤样品采集和测试，普查土壤机械组成、土壤容重、有机质、酸碱度（pH）、营养元素、重金属、有机污染物、典型区域土壤生物多样性等土壤物理、化学、生物指标。

（四）土壤利用情况调查

结合样点采样，重点调查成土条件、植被类型、植物（作物）产量，以及耕地园地的基础设施条件、种植制度、耕作方式、排灌设施情况等基础信息，肥料、农药、农膜等投入品使用情况，农业经营者开展土壤培肥改良、农作物秸秆还田等做法和经验。

（五）土壤质量状况分析

利用普查取得的土壤理化和生物性状、剖面性状和利用情况等基础数据，开展土壤质量分析，摸清土壤资源质量现状。

（六）土壤数据库构建

建立标准化、规范化的土壤数据库，包括空间数据库和属性数据库。空间数据库包括土壤类型图、采样点点位图、剖面分布图、养分分布图、土壤质量图、土壤利用适宜性评价图、地形地貌图、道路和水系图等。属性数据库包括土壤性状、土壤障碍及退化、土壤利用等指标，土壤利用类型数量、质量等数据。有条件的地方可以建立土壤数据管理中心，对数据成果进行汇总管理。

（七）普查成果汇交与应用

组织开展分级土壤普查成果汇总，包括图件成果、数据成果、文字成果和数据库成果。开展数据成果汇总分析，包括土壤质量状况、土壤改良与利用、土壤利用适宜性评价、农林牧业布局优化等。开展 40 年来全国土壤变化趋势及原因分析，提出防止土壤退化的措施建议。开展土壤盐碱、酸化等专题评价，提出治理修复对策。

（八）土壤样品库构建

依托科研教育单位，构建国家级和省级土壤剖面标本、土壤样品储存展示库，保存主要土壤类型的土壤剖面标本和样品。有条件的市县可建立土壤样品储存库。

第三节

第三次土壤普查的技术路线与方法

一、第三次土壤普查的技术路线

以土壤二普、国土三调、全国农用地土壤污染状况详查、农业普查、耕地质量调查评价、全国森林资源清查固定样地体系等工作形成的相关成果为基础，以遥感技术、地理信息系统、全球定位系统、模型模拟技术、现代化验分析技术等为科技支撑，统筹现有工作平台、系统等资源，建立统一的土壤三普工作平台，实现普查工作全程智能化管理；统一技术规程，实现标准化、规范化操作；以二普土壤图、地形图、土地利用现状图、全国农用地土壤污染状况详查点位图等为基础，统一编制土壤三普工作底图；根据土壤类型、土地利用现状类型、地形地貌等工作底图，统一规划布设外业采样点位；按照检测资质、基础条件、检测能力等，全国统一筛选测试化验专业机构，规范建立测试指标与方法；通过“一点一码”跟踪管理，统一构建涵盖普查全过程质控体系；依托土壤三普工作平台，国家级和省级分别开展数据分析和成果汇总；实现土壤三普标准化、专业化、智能化，科学、规范、高效推进普查工作。

二、第三次土壤普查的基本方法

（一）构建平台

利用遥感、地理信息和全球定位技术、模型模拟技术和空间可视化技术等，统一构建土壤三普工作平台，构建任务分发、质量控制、进度把控等工作管理模块，样点样品、指标阈值等数据储存模块，数据分类分析汇总模块等。

（二）制作底图

利用 1∶5 万 2000 坐标系二普土壤图、1∶1 万 2000 坐标系国土三调土地利用现状图（2019 年 12 月 31 日）、地形图、最新行政区划图等资料，统一制作满足不同层级使用的土壤三普工作底图。

（三）布设样点

在土壤三普工作底图上，根据地形地貌、土壤类型、土地利用类型和种植制度等划分出差异化样点区域，参考全国农用地污染状况详查布点、森林资源清查固定样地等，在样点区域上布设土壤采样点；根据主要土种（土属）的典型区域布设剖面样点，并与其他已完成的各专项调查工作衔接，保障相关调查采样点的统一性。样点样品实行“一点一码”，作为外业调查采样、内业测试化验、成果汇总分析等普查工作唯一信息溯源码。

（四）调查采样

省级统一组织开展外业调查与采样。根据统一布设的样点和调查任务，按照统一的采样标准，确定具体采样点位，调查立地与生产信息，采集表层土壤样品、典型代表剖面样等。表层土壤样品按照“S”型或梅花型等方法混合取样，剖面样品采取整段采集和分层采样。

（五）测试化验

以国家标准、行业标准和现代化验分析技术为基础，规范确定土壤三普统一的样品制备和测试化验方法。其中，重金属指标的测试方法与全国农用地土壤污染状况详查相衔接一致。开展标准化前处理，进行土壤样品的物理、化学等指标批量化测试。充分衔接已有专项调查数据，相同点位已有化验结果满足土壤三普要求的，不再重复测试相应指标。选择典型区域，利用土壤蚯蚓、线虫等动物形态学鉴定方法与高通量测序技术等，进行土壤生物指标测试。

（六）数据汇总

按照全国统一的数据库标准，建立分级数据库。采用内外业一体化数据采集建库机制和移动互联网技术，以省为单位进行数据汇总，形成集属性、文档、图件、影像为一体的土壤三普数据库。

（七）质量校核

统一技术规程，采用土壤三普工作平台开展全程管控，建立国家和地方抽查复核和专家评估制度。外业调查采样实行“电子围栏”航迹管理，样点样品编码溯源；测试化验质量控制采用标样、平行样、盲样、飞行检查等手段，分级审核测试数据；数据审核采用设定指标阈值等方法进行质控。

（八）成果汇总

采用现代统计方法，对土壤性状、土壤退化与障碍、土壤利用等数据进行分析，利用数字土壤模型等方法进行数字土壤制图，进行成果凝练与总结，阶段成果分段验收。

第四节 第三次土壤普查的组织实施

一、组织方式

土壤普查是一项重要的国情国力调查，涉及范围广，参与部门多，工作任务重，技术要求高。土壤三普工作按照“统一领导、部门协作、分级负责、各方参与”的方式组织实施。国家层面成立国务院第三次全国土壤普查领导小组，负责统一领导，协调落实相关措施，督促普查工作按进度推进。领导小组下设办公室（挂靠农业农村部），负责组织落实普查相关工作，定期向领导小组报告普查进展；负责组织制订土壤三普工作方案、技术规程、技术标准等；负责组织全国普查的技术指导、省级普查技术培训和省级普查质量抽查；负责组织建立土壤三普工作平台、数据库，汇总提交普查报告等。

各省（自治区、直辖市）成立省级人民政府第三次土壤普查领导小组（下设办公室），负责本省（自治区、直辖市）土壤普查工作的组织实施，开展以县为单位的普查。依据本工作方案和土壤三普技术规程，结合本省实际，编制土壤普查实施方案，明确组织方式、队伍组建、技术培训、进度安排等，报国务院第三次全国土壤普查领导小组办公室备案后实施。各省（自治区、直辖市）土壤三普领导小组办公室具体负责本地区土壤普查工作落实、质量督查和成果验收等。

二、进度安排

按照“一年试点、两年铺开、一年收尾”的时间安排进度有序开展。“十四五”期间全部完成普查工作，形成普查成果报国务院。

（一）2022 年开展土壤三普试点工作

出台普查通知，建立组织机构，全面动员部署，印发工作方案和技术规程，构建普查工作平台，校核完善土壤二普形成的土壤分类图，完善普查底图，完成外业采样点位布设。在 31 个省（自治区、直辖市）的 80 个以上县开展试点，验证和完善土壤三普技术路线、方法及技术规程，健全工作机制，培训技术队伍。启动并完成盐碱地普查工作。

1. 动员部署　贯彻落实《通知》要求，以国务院第三次全国土壤普查领导小组名义召开电视电话会议动员部署，印发工作方案，正式启动土壤三普工作。

2. 选定试点县　在全国 31 个省（自治区、直辖市）的 80 个以上县开展试点，验证和完善土壤三普技术路线、方法及技术规程，健全工作机制，培训技术队伍。推动全国盐碱地普查优先开展并于年底前完成。

3. 开展试点培训　各省（自治区、直辖市）组建省级土壤三普技术专家组和外业调查采样专业队伍，并组织开展技术培训、业务练兵、质量控制等。

4. 做好试点工作　按照普查工作内容、技术路线、技术规程、技术方法、工作手册等要求，完成各个环节试点任务。

5. 完善工作机制　总结试点工作经验，完善土壤三普技术规程、工作平台等，强化组织保障，压实各方责任，落实普查条件，加强宣传动员。

（二）2023～2024 年全面开展土壤三普工作

开展多层级技术实训指导，分时段完成外业调查采样和内业测试化验，强化质量控制，开展土壤普查数据库与样品库建设，形成阶段性成果。

1. 开展技术实训指导　组织普查技术专家对土壤三普工作平台应用、调查采样、测试化验、数据汇总等，分级分类分层次开展技术实训指导、质量控制等。

2. 组织外业调查采样　各省份组织专业队伍，依靠县级支持，依据统一布设样点，严格按照相关技术规范在农闲空当期开展外业实地调查和采样，实时在线填报相关信息，按相关规范科学储运、分发样品至测试单位和存储单位。2024 年 11 月底前完成全部外业调查采样工作。

3. 组织内业测试化验　测试化验机构按照统一检测标准、检测方法，开展样品测试化验，实时在线填报测试结果。2024 年底前完成全部内业测试化验任务。

4. 组织抽查校核　根据工作进展，国家级和省级技术专家组分别开展外业调查采样、内业测试化验等核心环节的抽查校核工作，并根据抽查校核结果开展补充完善工作。

（三）2025 年形成土壤三普成果

国家级和省级组织开展土壤基础数据、土壤剖面调查数据和标本、土壤利用数据的审核、汇总与分析。绘制专业图件，撰写普查报告，形成数据、文字、图件、数据库、样品库等普查成果并与有关部门共享。完成全国耕地质量报告和土壤利用适宜性评价报告，以及黑土地、盐碱地、酸化耕地改良利用等专项报告，全面总结普查工作。2025 年上半年，完成普查成果整理、数据审核，汇总形成第三次全国土壤普查基本数据；下半年，建成土壤普查数据库与样品库，完成普查成果验收、汇交与总结，形成全国耕地质量报告和土壤利用适宜性评价报告。

第三章 高标准农田建设政策

第一节
高标准农田政策文件

一、国家政策

党中央、国务院高度重视高标准农田建设。习近平总书记多次作出重要指示，强调要突出抓好耕地保护和地力提升，加快推进高标准农田建设，切实提高建设标准和质量，真正实现旱涝保收、高产稳产。为此，农业农村部会同有关部门和地方政府认真贯彻落实党中央、国务院决策部署，深入实施藏粮于地、藏粮于技战略，加强政策支持，强化工作指导，推动各地大力推进高标准农田建设，改善农业生产条件、生态环境，提升粮食生产能力。

2012 年 10 月 11 日，国土资源部召开加快推进高标准基本农田示范县建设工作动员部署视频会议，要求加快建设 500 个高标准基本农田示范县，“十二五”期间，在划定的基本农田保护区范围内，建成不少于 2 亿亩集中连片、设施配套、高产稳产、生态良好、抗灾能力强、与现代农业生产和经营方式相适应的高标准基本农田，确保完成全国 4 亿亩高标准基本农田建设任务。

2013 年国务院批准实施《全国高标准农田建设总体规划》，各地、各有关部门狠抓规划落实，通过采取农业综合开发、土地整治、农田水利建设、新增千亿斤粮食产能田间工程建设、土壤培肥改良等措施，持续推进农田建设，不断夯实农业生产物质基础。

2018 年机构改革以来，农田建设力量得到有效整合，体制机制进一步理顺，各地加快推进高标准农田建设，完成了政府工作报告确定的建设任务，为粮食及重要农副产品稳产保供提供了有力支撑。

2019 年，中央安排高标准农田建设资金 859 亿元，其中中央财政安排农田建设补助资金 694 亿元，发展改革委安排中央预算内投资农业生产发展专项 165 亿元。2019 年 10 月，中央财政已提前下达 2020 年农田建设补助资金预算 616 亿元。2019 年 11 月，国务院办公厅印发的《国务院办公厅关于切实加强高标准农田建设提升国家粮食安全保障能力的意见》（国办发〔2019〕50 号，以下简称“《意见》”）明确提出，到 2022 年，全国要建成 10 亿亩高标准农田。

2021 年，《国家标准化发展纲要》提出“加强高标准农田建设”要求；国务院批复实施的《全国高标准农田建设规划（2021—2030 年）》提出加快构建科学统一、层次分明、结构合理的高标准农田建设标准体系，实现“到 2030 年，建成集中连片、旱涝保收、节水高效、稳产高产、生态友好的高标准农田 12 亿亩，改造提升 2.8 亿亩，稳定保障 1.2 万亿斤以上粮食产能”的目标。

二、地方文件

《全国高标准农田建设规划（2021—2030年）》印发实施后，一些省市积极结合当地高标准农田建设情况，构建省、市、县等建设规划体系。

（一）省级规划

2022年5月30日，为深入实施“藏粮于地、藏粮于技”战略，落实好党中央确定的高标准农田建设目标任务，按照2019年、2020年、2021年中央1号文件和《意见》，云南省农业农村厅印发《云南省高标准农田建设规划（2021—2030年）》，包括总则、发展现状与发展形势、总体要求、建设分区与建设重点、建设标准与建设内容、建设任务、建设监管和后续管护、投资估算和资金筹措、效益分析、环境影响评价、保障措施等11个章节，能够为今后一个时期云南省系统开展高标准农田建设提供重要依据和行动指南。

2022年4月15日，湖北省对标《全国高标准农田建设规划（2021—2030年）》，有效衔接《“十四五”全国农业绿色发展规划》《湖北省国民经济和社会发展第十四个五年规划和2035年远景目标纲要》《湖北省国土空间规划（2021—2035年）》《湖北省耕地质量保护与提升中长期发展规划（2016—2030年）》和《湖北省推进农业农村现代化“十四五”规划（2021—2025年）》等相关规划，按照省委、省政府总体部署要求，特编制《湖北省高标准农田建设规划（2022—2030年）》，成为湖北省高标准农田建设的工作指南，是指导湖北省各市（州）、县（市、区）科学有序开展高标准农田建设的重要依据。

（二）市级规划

《鹰潭市高标准农田建设规划（2021—2030 年）》

《扬州市高标准农田建设规划（2021—2030 年）》

《宜春市高标准农田建设规划（2021—2030 年）》

《南通市高标准农田建设规划（2021—2030 年）》

《漳州市高标准农田建设专项规划（2021—2030 年）》

（三）县级规划

《沂水县高标准农田建设规划（2021—2030 年）》

《平邑县高标准农田建设规划（2021—2030 年）》

《承德县高标准农田建设规划（2021—2030 年）》

《盐池县高标准农田建设规划（2021—2030 年）》

《赵县高标准农田建设规划（2021—2030 年）》

第二节 高标准农田规范标准

一、相关农田建设标准的内涵

标准是由专门机构以科学试验为基础所制定的、经广泛试验得到广泛认可的、以促进效益提高为目的，经主管部门认定并得到批准的、可重复使用的规范性文件。农田的高标准应该包括四种含义：①自然质量好；②设施完备；③布局稳定；④生态友好。建设高标准基本农田的目标就是通过农田的标准化建设，实现资源的优化配置，提高农业生产的质量和效益，从根本上解决优质农产品相对不足、农民收入乏力等突出问题。实现这些目标，最重要的措施之一就是大力推行农田标准化建设，用现代标准规范农业生产的物质基础。实施高标准基本农田建设有利于促进农田建设、管理、利用的协调发展，使区域的资源环境能有效支撑农业和经济社会的发展，促进土地资源开发、利用、保护有机结合。以高标准基本农田建设带动农业生产的专业化、区域化和规模化。以农田建设为核心，将农业生产的产前、产中、产后全过程纳入标准化生产和标准化管理轨道，实现农产品从农田到餐桌的全过程质量控制，保障农产品的安全、有效供给。

二、高标准农田建设参考标准

（一）农田基础设施建设工程

1. 田块整治

GB/T 21010　土地利用现状分类

GB/T 28405—2012　农用地定级规程

GB/T 33469—2016　耕地质量等级

NY/T 2148—2012　高标准农田建设标准

2. 灌溉与排水

GB 5084—2021　农田灌溉水质标准

GB/T 20203—2017　管道输水灌溉工程技术规范

GB/T 50085—2007　喷灌工程技术规范

GB 50265—2010　泵站设计规范

GB 50288—2018　灌溉与排水工程设计标准

GB/T 50363—2018　节水灌溉工程技术标准

GB/T 50485—2020　微灌工程技术标准

GB/T 50596—2010　雨水集蓄利用工程技术规范

GB/T 50600—2020　渠道防渗衬砌工程技术标准

GB / T 50625—2010　机井技术规范

GB 50707—2011　河道整治设计规范

SL 482—2011　灌溉与排水渠系建筑物设计规范

SL / T 769—2020　农田灌溉建设项目水资源论证导则

SL / T 4—2020　农田排水工程技术规范

SL 280—2019　大中型喷灌机应用技术规范

SL 698—2014　轻小型喷灌机应用技术规范

3. 田间道路

NY / T 2194—2012　农业机械田间行走道路技术规范

JTG / T 5190—2019　农村公路养护技术规范

JTG 2111—2019　小交通量农村公路工程技术标准

4. 农田防护与生态环境保护

GB 51018—2014　水土保持工程设计规范

GB 50707—2011　河道整治设计规范

GB / T 50817—2013　农田防护林工程设计规范

GB / T15776—2016　造林技术规程

5. 农田输配电

GB / T 12527—2008　额定电压 1kV 及以下架空绝缘电缆

GB / T 14049—2008　额定电压 10kV 架空绝缘电缆

GB 50053—2013　20kV 及以下变电所设计规范

GB 50054—2011　低压配电设计规范

DL / T 5118—2010　农村电力网规划设计导则

DL / T 5220—2021　10kV 及以下架空配电线路设计规范

6. 其他工程

GB / T 24689.7—2009　植物保护机械　农林作物病虫观测场

NY/T 1716—2009　农业建设项目投资估算内容与方法

GB/T 33130—2016　高标准农田建设评价规范

NY/T 1782—2009　农田土壤墒情监测技术规范

（二）农田地力提升工程

1. 土壤改良

GB/T 28407—2012　农用地质量分等规程

NY/T 1119—2019　耕地质量监测技术规程

NY/T 3443—2019　石灰质改良酸化土壤技术规范

2. 障碍土层消除

GB 15618—2018　土地环境质量　农用地土壤污染风险管控标准（试行）

NY/T 1634—2008　耕地地力调查与质量评价技术规程

3. 土壤培肥

NY/T 525—2021　有机肥料

第四章 高标准农田分区建设

依据区域气候特点、地形地貌、水土条件、耕作制度等因素，按照自然资源禀赋与经济条件相对一致、生产障碍因素与破解途径相对一致、粮食作物生产与农业区划相对一致、地理位置相连与省级行政区划相对完整的要求，将全国高标准农田建设分成七个区域。

以各分区的永久基本农田、粮食生产功能区和重要农产品生产保护区为重点，集中力量建设高标准农田，着力打造粮食和重要农产品保障基地。新增建设项目的建设区域应相对集中，土壤适合农作物生长，无潜在地质灾害，建设区域外有相对完善、能直接为建设区提供保障的基础设施。改造提升项目应优先选择已建高标准农田中建成年份较早、投入较低等建设内容全面不达标的建设区域，对于建设内容部分达标的项目区允许各地按照“缺什么补什么”的原则开展有针对性的改造提升。对建设内容达标的已建高标准农田，若在规划期内达到规定使用年限，可逐步开展改造提升。限制建设区域包括水资源贫乏区域，水土流失易发区、沙化区等生态脆弱区域，历史遗留的挖损、塌陷、压占等造成土地严重损毁且难以恢复的区域，安全利用类耕地，易受自然灾害损毁的区域，沿海滩涂、内陆滩涂等区域。禁止在严格管控类耕地，自然保护地核心保护区，退耕还林区、退牧还草区，河流、湖泊、水库水面及其保护范围等区域开展高标准农田建设，防止破坏生态环境。

第一节 东北区

一、概述

东北区包括辽宁、吉林、黑龙江 3 省，以及内蒙古的赤峰、通辽、兴安和呼伦贝尔 4 市（盟）。地势低平，山环水绕。耕地主要分布在松嫩平原、三江平原、辽河平原、西辽河平原，以及大小兴安岭、长白山和辽东半岛山麓丘陵。耕地集中连片，以平原区为主，丘陵漫岗区为辅。土壤类型以黑土、暗棕壤和黑钙土为主，是世界主要“黑土带”之一。耕地立地条件较好，土壤比较肥沃，耕地质量等级以中上等为主。春旱、低温冷害较严重，土壤墒情不足；部分耕地存在盐碱化和土壤酸化等障碍因素，土壤有机质下降、养分不平衡。坡耕地与风蚀沙化土地水土和养分流失较严重，黑土地退化和肥力下降风险较大。夏季温凉多雨，冬季严寒干燥，年降水量

300～1 000 毫米，水资源总量相对丰富，但分布不均；平原区地下水资源量约占水资源总量的 33%，但局部地区地下水超采严重。农作物以一年一熟为主，是世界著名的“黄金玉米带”，也是我国优质粳稻、高油大豆的重要产区。农田基础设施较为薄弱，有效灌溉面积少，田间道路建设标准低，农田输配水、农田防护林和生态保护等工程设施普遍缺乏。已经建成高标准农田面积约 1.67 亿亩，未来建设任务仍然艰巨。已建高标准农田投资标准偏低，部分项目因设施不配套、老化或损毁，没有发挥应有作用，改造提升需求迫切。规划期内应加快推进高标准农田新增建设工作，兼顾改造提升任务，加强田间工程配套，提高田间工程标准，重点建设水稻、玉米、大豆、甜菜等保障基地。

二、建设重点

针对黑土地退化、冬干春旱、水土流失、积温偏低等粮食生产主要制约因素，以完善农田灌排设施、保护黑土地、节水增粮为主攻方向，围绕稳固提升水稻、玉米、大豆、甜菜等粮食和重要农产品产能，开展高标准农田建设，亩均粮食产能达到 650 千克。

（1）合理划分和适度归并田块，开展土地平整，田块规模适度。土地平整应避免打乱表土层与心土层，无法避免时应实施表土剥离回填工程。丘陵漫岗区沿等高线实施条田化改造。通过客土回填、挖高填低等措施保障耕作层厚度，平原区水浇地和旱地耕作层厚度不低于 30 厘米、水田耕作层厚度不低于 25 厘米。

（2）以黑土地保护修复为重点，加强黑土地保护利用。通过实施等高种植、增施有机肥、秸秆还田、保护性耕作、秸秆覆盖、深松深耕、粮豆轮作等措施，增加土壤有机质含量，保护修复黑土地微生态系统，提高耕地基础地力。结合耕地质量监测点现状分布情况，每 5 万亩左右建设 1 个耕地质量监测点，开展长期定位监测。高标准农田的土壤有机质含量平原区一般不低于 30 克/千克，耕地质量等级宜达到 3.5 等以上。

（3）适当增加有效灌溉面积，配套灌排设施，完善灌排工程体系。配套输配电设施，满足生产和管理需要。因地制宜开展管道输水灌溉、喷灌、微灌等高效节水灌溉设施建设。三江平原等水稻主产区，完善地表水与地下水合理利用工程体系，控制地下水开采，推广水稻控制灌溉。改造完善平原低洼区排水设施。实现水田灌溉设计保证率不低于 80%，旱作区农田排水设计暴雨重现期达到 5 ~ 10 年一遇，水稻区农田排水设计暴雨重现期达到 10 年一遇。

（4）合理确定路网密度，配套机耕路、生产路。机耕路路面宽度宜为 4 ~ 6 米，一般采用泥结石或沙石路面，暴雨冲刷严重地区应采用硬化措施。生产路路面宽度一般不超过 3 米，一般采用泥结石或沙石路面。平原区需满足大型机械化作业要求，路面宽度可适度放宽，修筑下田坡道等附属设施。田间道路直接通达的田块数占田块总数的比例，平原区达到 100%，丘陵漫岗区达到 90% 以上。

（5）在风沙危害区配套建设和修复农田防护林，水田区可结合干沟（渠）和道路设置防护林。丘陵漫岗区应合理修筑截水沟、排洪沟等坡面水系工程和谷坊、沟头防护等沟道治理工程，配套必要的农田林网，形成完善的坡面和沟道防护体系，控制农田水土流失。受防护的农田占建设区面积的比例不低于 85%。

第二节
黄淮海区

一、概述

黄淮海区包括北京、天津、河北、山东和河南5省（直辖市）。地域广阔，平原居多，山地、丘陵、河谷穿插。耕地主要分布在滦河、海河、黄河、淮河等冲积平原，以及燕山、太行山、豫西、山东半岛山麓丘陵。耕地以平原区居多。土壤类型以潮土、砂姜黑土、棕壤、褐土为主。耕地立地条件较好，土壤养分含量中等，耕地质量等级以中上等居多。耕作层变浅，部分地区土壤可溶性盐含量和碱化度超过限量，土壤板结，犁底层加厚，容重变大，蓄水保肥能力下降。淮河北部及黄河南部地区砂姜黑土易旱易涝，地力下降潜在风险大。夏季高温多雨，春季干旱少雨，年降水量500~900毫米，但时空分布差异大，灌溉水总量不足，地下水超采面积大，形成多个漏斗区。

农作物以一年两熟或两年三熟为主，是我国优质小麦、玉米、大豆和棉花的主要产区。农田基础设施水平不高，田间沟渠防护少，灌溉水利用效率偏低。已经建成高标准农田面积约1.76亿亩，未来建设任务仍然较重。已建高标准农田投资标准偏低，部分项目工程设施维修保养不足、老化损毁严重，无法正常运行，改造提升需求迫切。规划期内应统筹推进高标准农田新增建设和改造提升，重点建设小麦、玉米、大豆、棉花等保障基地。

二、建设重点

针对春旱夏涝易发、地下水超采严重、土壤有机质含量下降、土壤盐碱化等粮食生产主要制约因素，以提高灌溉保证率、农业用水效率、耕地质量等为主攻方向，围绕稳固提升小麦、玉米、大豆、棉花等粮食和重要农产品产能，开展高标准农田建设，亩均粮食产能达到800千克。

（1）合理划分、提高田块归并程度，满足规模化经营和机械化生产需要。山地丘陵区因地制宜修建水平梯田。实现耕地田块相对集中、田面平整，耕作层厚度一般达到25厘米以上。

（2）推行秸秆还田、深耕深松、绿肥种植、有机肥增施、配方施肥、施用土壤调理剂、客土改良质地过沙土壤等措施，保护土壤健康。综合利用耕作压盐、工程改碱压盐等措施，开展盐碱化土壤治理。有条件的地方配套秸秆还田和农家肥积造设施。结合耕地质量监测点现状分布情况，每4万亩左右建设1个耕地质量监测点，开展长期定位监测。土壤有机质含量平原区一般不低于15克/千克，山地丘陵区一般不低于12克/千克，土壤pH一般保持在6.0~7.5，盐碱区土壤 pH 不超过 8.5，耕地质量等级宜达到 4 等以上。

（3）改造提升田间灌排设施，完善井渠结合灌溉体系，防止次生盐碱化。推进管道输水灌溉、喷灌、微灌等高效节水灌溉工程建设。配套输配电设施，满足生产和管理需要。山地丘陵区因地制宜建设小型蓄水设施，提高雨水和地表水集蓄利用能力。水资源紧缺地区灌溉保证率达到 50% 以上，其余地区达到 75% 以上，旱作区农田排水设计暴雨重现期达到 5～10 年一遇。

（4）合理确定路网密度，配套机耕路、生产路，修筑机械下田坡道等附属设施。机耕路路面宽度一般为 4～6 米，宜采用混凝土、沥青、碎石等材质，暴雨冲刷严重地区应采用硬化措施。生产路路面宽度一般不超过 3 米，宜采用碎石、素土等材质。田间道路直接通达的田块数占田块总数的比例，平原区达到 100%，丘陵区达到 90% 以上。

（5）农田林网布设应与田块、沟渠、道路有机衔接。在有显著主害风的地区，应采取长方形网格配置，应尽可能与生态林、环村林等相结合。合理修建截水沟、排洪沟等工程，达到防洪标准，防治水土流失。受到有效防护的农田面积比例应不低于 90%。

第三节
长江中下游区

一、概述

长江中下游区，包括上海、江苏、安徽、江西、湖北和湖南6省（直辖市）。平原与丘岗相间，河谷与丘陵交错，平原区河网密布。耕地主要分布在江汉平原、洞庭湖平原、鄱阳湖平原、皖苏沿江平原、里下河平原和长江三角洲平原，以及江淮、江南丘陵山地。大部分耕地在平原区，坡耕地不多。土壤类型以水稻土、黄壤、红壤、潮土为主。土壤立地条件较好，土壤养分处于中等水平，耕地质量等级以中等偏上为主。土壤酸化趋势较重，有益微生物减少，存在滞水潜育等障碍因素。夏季高温多雨，冬季温和少雨，年降水量1 000～1 500毫米，水资源丰富，灌溉水源充足。农作物以一年两熟或三熟为主，是我国水稻、油菜籽、小麦和棉花的重要产区。

农田基础设施配套不足，田间道路、灌排、输配电和农田防护与生态环境保护等工程设施参差不齐。已经建成高标准农田面积约 1.77 亿亩，未来建设任务仍然较重。已建高标准农田建设标准不高，防洪抗旱能力不足，部分项目因工程设施不配套、老化或损毁问题，长期带病运行，改造提升需求迫切。规划期内应加强农田防护工程建设，提升平原圩区、渍害严重区的农田防洪除涝能力，有序推进高标准农田新增建设和改造提升，重点建设水稻、小麦、油菜籽、棉花等保障基地。

二、建设重点

针对田块分散、土壤酸化、土壤潜育化、暴雨洪涝灾害多发、季节性干旱等主要制约因素，以增强农田防洪排涝能力、土壤改良为主攻方向，围绕稳固提升水稻、小麦、油菜籽、棉花等粮食和重要农产品产能，开展高标准农田建设。亩均粮食产能达到 1 000 千克。

（1）合理划分和适度归并田块，平原区以整修条田为主，山地丘陵区因地制宜修建水平梯田。水田应保留犁底层。耕作层厚度一般在 20 厘米以上。

（2）改良土体，消除土体中明显的黏磐层、沙砾层等障碍因素。通过施用石灰质物质等方法，治理酸化土壤。培肥地力，推行种植绿肥、增施有机肥、秸秆还田、测土配方等措施，有条件的地方配套水肥一体化、农家肥积造设施。结合耕地质量监测点现状分布情况，每 3.5 万亩左右建设 1 个耕地质量监测点，开展长期定位监测。土壤有机质含量宜达到 20 克 / 千克以上，土壤 pH 一般为 5.5 ~ 7.5，耕地质量等级宜达到 4.5 等以上。

（3）开展旱、涝、渍综合治理，合理建设田间灌排工程。因地制宜修建蓄水池和小型泵站等设施，加强雨水和地表水利用。推行渠道防渗、管道输水灌溉和喷灌、微灌等节水措施。开展沟渠配套建设和疏浚整治，增强农田排涝能力，防治土壤潜育化。配套输配电设施，满足生产和管理需要。倡导建设生态型灌排系统，加强农田生态保护。水稻区灌溉保证率达到90%，水稻区农田排水设计暴雨重现期达到10年一遇，旱作区农田排水设计暴雨重现期达到5～10年一遇。

（4）合理规划建设田间路网，优先改造利用原有道路，平原区田间道路应短顺平直，山地丘陵区应随坡就势。机耕路路面宽度宜为3～6米，宜采用沥青、混凝土、碎石等材质，重要路段应采用硬化措施。生产路路面宽度一般不超过3米，宜采用碎石、素土等材质，暴雨冲刷严重地区可采用硬化措施。配套建设桥、涵和农机下田设施，满足农机作业、农资运输等农业生产要求。鼓励建设生态型田间道路，减少硬化道路对生态的不利影响。田间道路直接通达的田块数占田块总数的比例，平原区达到100%，丘陵区达到90%以上。

（5）新建、修复农田防护林，选择适宜的乡土树种，沿田边、沟渠或道路布设，宜采用长方形网格配置。水土流失易发区，合理修筑岸坡防护、沟道治理、坡面防护等设施。农田防护面积比例应不低于80%。

第四节 东南区

一、概述

东南区，包括浙江、福建、广东和海南 4 省。平原较少，山地丘陵居多。耕地主要分布在钱塘江、珠江、闽江、韩江、南渡江三角洲平原，以及浙闽、南岭、海南丘陵山地。耕地以平地居多。土壤类型以水稻土、赤红壤、红壤、砖红壤为主。耕地立地条件一般，土壤养分处于中等水平，耕地质量等级以中等偏下为主。部分地区农田土壤酸化、潜育化，部分水田冷浸问题突出。气候温暖多雨，台风暴雨多发，年降水量 1 400 ~ 2 000 毫米，水资源丰沛。农作物以一年两熟或三熟为主，是我国水稻、糖料蔗重要产区。农田基础设施配套不足，田间道路、灌排、输配电和农田防护等工程设施建设标准不高。已经建成高标准农田面积约 0.55 亿亩，未来建设任务较多。已建高标准农田建设标准不高，防御台风暴雨能力不足，部分项目因工程设施不配套、老化或损毁问题，长期带病运行，改造提升需求迫切。规划期内应加强农田基础设施建设，增强农田防洪抗灾能力，加大土壤酸化、土壤潜育化和冷浸田改良，有序推进高标准农田新增建设和改造提升，重点建设水稻、糖料蔗等保障基地。

二、建设重点

针对山地丘陵多、地块小而散、土壤酸化、土壤潜育化、台风暴雨危害等粮食生产主要制约因素，以增强农田防御风暴能力、改良土壤酸化、改良土壤潜育化为主攻方向，围绕巩固提升水稻、糖料蔗等粮食和重要农产品产能，开展高标准农田建设，亩均粮食产能达到 900 千克。

（1）开展田块整治，优化农田结构和布局。平原区以修建水平条田为主，山地丘陵区因地制宜修筑梯田，梯田化率达到 90% 以上。通过表土层剥离再利用、客土回填、挖高垫低等方式开展土地平整，增加农田土体厚度，耕作层厚度宜达到 20 厘米以上。

（2）推行种植绿肥、增施有机肥、秸秆还田、冬耕翻土晒田、施用石灰深耕改土、测土配方施肥、水肥一体化、水旱轮作等措施，培肥耕地基础地力，改良渍涝潜育型耕地，治理酸性土壤，促进土壤养分平衡。结合耕地质量监测点现状分布情况，每 3.5 万亩左右建设 1 个耕地质量监测点，开展长期定位监测。土壤有机质含量宜达到 20 克 / 千克以上，土壤 pH 一般保持在 5.5 ~ 7.5，耕地质量等级宜达到 5 等以上。

（3）按照旱、涝、渍、酸综合治理要求，合理建设田间灌排工程。鼓励建设生态型灌排系统，保护农田生态环境。因地制宜建设和改造灌排沟渠、管道、泵站及渠系建筑物，加强雨水集蓄利用、沟渠清淤整治等工程建设。完善配套输配电设施。水稻区灌溉保证率达到 85% 以上，水稻区农田排水设计暴雨重现期达到 10 年一遇，旱作区农田排水设计暴雨重现期达到 5 ~ 10 年一遇。

（4）开展机耕路、生产路建设和改造，科学配套建设农机下田坡道、桥涵、错车点和末端掉头点等附属设施，满足农机作业、农资运输等农业生产要求。机耕路路面宽度宜为 3 ~ 6 米，生产路路面宽度一般不超过 3 米。暴雨冲刷严重地区应采用硬化措施。田间道路直接通达的田块数占田块总数的比例，平原区达到 100%，丘陵区达到 90% 以上。

（5）因地制宜开展农田防护和生态环境保护工程建设。台风威胁严重区，合理修建农田防护林、排水沟和护岸工程。水土流失易发区，与田块、沟渠、道路等工程相结合，合理开展岸坡防护、沟道治理、坡面防护等工程建设。受防护的农田面积比例应不低于 80%。

第五节 西南区

一、概述

西南区，包括广西、重庆、四川、贵州和云南5省（自治区、直辖市）。地形地貌复杂，喀斯特地貌分布广，高原山地盆地交错。耕地主要分布在成都平原、川中丘陵和盆周山区，以及广西盆地、云贵高原的河流冲积平原、山地丘陵。以坡耕地为主，地块小而散，平地较少。土壤类型以水稻土、紫色土、红壤、黄壤为主。土壤立地条件一般，耕地质量等级以中等为主。土壤酸化较重，农田滞水潜育现象普遍；山地丘陵区土层浅薄、贫瘠，水土流失严重；石漠化面积大。气候类型多样，年降水量600～2 000毫米，水资源较丰沛，但不同地区、季节和年际之间差异大。生物多样性突出，农产品种类丰富，以一年两熟或三熟为主，是我国水稻、玉米、油菜籽重要产区和糖料蔗主要产区。农田建设基础条件较差，田间道路、灌排等工程设施普遍不足，农田防护能力差，水土流失严重，抵御自然灾害能力不足。已经建成高标准农田面积约 1.17 亿亩，未来建设任务依然较多。已建高标准农田建设标准不高、维修保养难度大，部分项目因工程设施不配套、老化或损毁问题不能正常发挥作用，改造提升需求迫切。规划期内应加强细碎化农田整理，丘陵区建设水平梯田，配套农田防护设施，大力加强高标准农田新增建设和改造提升，重点建设水稻、玉米、油菜籽、糖料蔗等保障基地。

二、建设重点

针对丘陵山地多、耕地碎片化、工程性缺水、土壤保水能力差、水土流失易发等粮食生产主要制约因素，以提高梯田化率和道路通达度、增加土体厚度为主攻方向，围绕稳固提升水稻、玉米、油菜籽、糖料蔗等粮食和重要农产品产能，开展高标准农田建设，亩均粮食产能达到 850 千克。

（1）山地丘陵区因地制宜修筑梯田，田面长边平行等高线布置，田面宽度应便于机械化作业和田间管理，配套坡面防护设施。在易造成冲刷的土石山区，结合石块、砾石的清理，就地取材修筑石坎。平坝区以修建条田为主，提高田块格田化程度。土层较薄地区实施客土填充，增加耕作层厚度。梯田化率宜达到 90% 以上，耕作层厚度宜达到 20 厘米以上。

（2）因地制宜建设秸秆还田和农家肥积造设施，推广秸秆还田、增施有机肥、种植绿肥等措施，提升土壤有机质含量。合理施用石灰质物质等土壤调理剂，改良酸化土壤。采用水旱轮作等措施，改良渍涝潜育型耕地。实施测土配方施肥，促进土壤养分相对均衡。结合耕地质量监测点现状分布情况，每 3.5 万亩左右建设 1 个耕地质量监测点，开展长期定位监测。土壤有机质含量宜达到 20 克 / 千克以上，土壤 pH 一般保持在 5.5 ~ 7.5，耕地质量等级宜达到 5 等以上。

（3）修建小型泵站、蓄水设施等，加强雨水集蓄利用，开展沟渠清淤整治，提高供水保障能力。盆地、河谷、平坝地区配套灌排设施，完善田间灌排工程体系。发展管灌、喷灌、微灌等高效节水灌溉，提高水资源利用效率。配套输配电设施，满足生产和管理需要。水稻区灌溉设计保证率一般达到 80% 以上，水稻区农田排水设计暴雨重现期达到 10 年一遇，旱作区农田排水设计暴雨重现期达到 5 ~ 10 年一遇。

（4）优化田间道路布局，合理确定路网密度、路面宽度、路面材质，整修和新建机耕路、生产路，配套建设农机下田（地）坡道、错车点、末端掉头点、桥涵等附属设施，提高农田道路通达率和农业生产效率。田间道路直接通达的田块数占田块总数的比例，平原区达到 100%，山地丘陵区不低于 90%。

（5）因害设防，合理新建、修复农田防护林。在水土流失易发区，修筑岸坡防护、沟道治理、坡面防护等设施。在岩溶石漠化地区，综合采用拦沙谷坊坝、沉沙池、地埂绿篱等措施，改善农田生态环境，提高水土保持能力。农田防护面积比例应不低于 90%。

第六节 西北区

一、概述

西北区，包括山西、陕西、甘肃、宁夏和新疆（含新疆生产建设兵团）5省（自治区），以及内蒙古的呼和浩特、锡林郭勒、包头、乌海、鄂尔多斯、巴彦淖尔、乌兰察布、阿拉善8市（盟）。地域广阔，地貌多样，有高原、山地、盆地、沙漠、戈壁、草原，以塬地、台地和谷地为主。耕地主要分布在黄土高原、汾渭平原、河套平原、河西走廊，以及伊犁河、塔里木河等干支流谷地和内陆诸河沿岸的绿洲区。土壤类型以黄绵土、灌淤土、灰漠土、褐土、栗褐土、栗钙土、潮土、盐化土为主。耕地立地条件较差，土壤养分贫瘠，耕地质量等级以中下等为主。土壤有机质含量低，盐碱化、沙化严重，地力退化明显，保水保肥能力差。光照充足，风沙较大，生态环境脆弱，年降水量50～400毫米，干旱缺水，是我国水资源最匮乏地区，农业开发难度较大。农作物以一年一熟为主，是我国小麦、玉米、棉花、甜菜的重要产区。农田建设基础条件薄弱，田间道路连通性差、通行标准低，农田灌排工程普遍缺乏，农田防护水平低，土壤沙化、盐碱化严重，农业生产力水平较低。已经建成高标准农田面积约1.02亿亩，未来建设任务仍然不少。已建高标准农田维修保养难度较大，部分项目因工程设施不配套、老化或损毁问题不能正常发挥作用。规划期内应加强土壤改良和农田节水工程建设，提升道路通行标准，积极推进高标准农田新增建设和改造提升，重点建设小麦、玉米、棉花、甜菜等保障基地。

二、建设重点

针对风沙侵蚀、干旱缺水、土壤肥力不高、水土流失严重、次生盐碱化等粮食生产主要制约因素，以完善农田基础设施、培肥地力为主攻方向，围绕稳固提升小麦、玉米、棉花、甜菜等粮食和重要农产品产能，开展高标准农田建设，亩均粮食产能达到450千克。

（1）开展土地平整，合理划分和适度归并田块。土地平整应避免打乱表土层与心土层，无法避免时应实施表土剥离回填工程。汾渭平原、河套平原、河西走廊、伊犁河谷地、塔里木河谷地等平原区依托有林道路或较大沟渠，进行田块整合归并形成条田。黄土高原等丘陵沟壑区因地制宜修建等高梯田，增强农田水土保持能力。耕作层厚度达到25厘米以上。

（2）培肥耕地地力，因地制宜建设秸秆还田和农家肥积造设施，大力推行秸秆还田、增施有机肥、种植绿肥、测土配方施肥等措施。

通过工程手段、施用土壤调理剂等措施改良盐碱土壤。结合耕地质量监测点现状分布情况，每5万亩左右建设1个耕地质量监测点，开展长期定位监测。土壤有机质含量宜达到12克/千克以上，土壤pH一般保持在6.0～7.5，盐碱地不高于8.5，耕地质量等级宜达到6等以上。

（3）汾渭平原、河套平原、河西走廊、伊犁河谷地、塔里木河谷地等平原区完善田间灌排设施，大力发展管灌、喷灌、微灌等高效节水灌溉，提高水资源利用率。黄土高原等丘陵沟壑区因地制宜改造建设蓄水设施和小型泵站，加强雨水和地表水利用，提高灌溉保障能力。配套建设输配电设施，满足生产和管理需要。高标准农田灌溉保证率达到50%以上，旱作区农田排水设计暴雨重现期达到5～10年一遇。

（4）合理确定路网密度，配套机耕路、生产路，修筑桥、涵和下田坡道等附属设施。机耕路路面宽度宜为3～6米，生产路路面宽度一般控制在3米以下，满足农机作业、农资运输等农业生产要求。田间道路直接通达的田块数占田块总数的比例，平原地区达到100%，丘陵沟壑区达到90%以上。

（5）风沙危害区配套建设和修复农田防护林，丘陵沟壑区合理修筑截水沟、排洪沟等坡面水系工程和谷坊、沟头防护等沟道治理工程，保护农田生态环境，减少水土流失，受防护的农田占建设区面积的比例不低于90%。

第七节 青藏区

一、概述

青藏区，包括西藏、青海 2 省（自治区）。地势高耸，雪山连绵，湖沼众多，湿地广布，自然保护区面积大，是我国西部重要的生态屏障。耕地主要分布在南部雅鲁藏布江、怒江、澜沧江、金沙江等干支流谷地，东北部黄河干流及湟水河谷地，北部柴达木盆地周围。山地和丘陵地较多，坡耕地占比较高。土壤类型以亚高山草甸土、黑钙土、栗钙土为主。耕地立地条件差，土壤养分贫瘠，耕地质量等级较低。土壤肥力差，土层浅薄，存在沙砾层等障碍层次。青藏高原是亚洲许多著名大河发源地，水资源总量占全国的 22.71%，年降水量 50～2 000 毫米。高寒气候，可耕地少，农业发展受到限制，农作物以一年一熟的小麦、青稞生产为主。农田建设基础条件薄弱，田间道路、灌排、输配电和农田防护与生态环境保护等工程设施普遍短缺，农业生产力水平低下。已经建成高标准农田面积约617万亩，未来建设任务仍然不轻。已建高标准农田维修保养十分困难，工程设施不配套、老化或损毁问题最为突出。规划期内应加大农田生态保护，加强沿河引水灌溉区农田开发建设，科学推进高标准农田新增建设和改造提升，重点建设小麦、青稞等保障基地。

二、建设重点

针对高原严寒、热量不足、耕地土层薄、土壤贫瘠、生态环境脆弱等主要制约因素，以完善农田基础设施、改良土壤为主攻方向，围绕稳固提升小麦、青稞等粮食和重要农产品产能，开展高标准农田建设，亩均粮食产能达到300千克。

（1）综合考虑农机作业、灌溉排水和生态保护需要，开展田块整治。平原区推行水平条田建设，山地丘陵区开展水平梯田化改造，通过填补客土、挖深垫浅增加农田土体厚度，使耕作层厚度达到20厘米以上。

（2）因地制宜通过农艺、生物、化学、工程等措施，加强耕地质量建设，改善土壤结构，培肥基础地力，促进养分平衡，治理土壤盐碱化，提高耕地粮食综合生产能力。结合耕地质量监测点现状分布情况，每5万亩左右建设1个耕地质量监测点，开展长期定位监测。土壤有机质含量宜达到12克/千克以上，土壤pH一般保持在6.0～7.5，耕地质量等级宜达到7等以上。

（3）合理建设田间灌溉排水工程，大力推行渠道防渗、管道输水灌溉、喷灌、微灌等节水措施，配套完善输配电设施，增加农田有效灌溉面积，提高农业灌溉用水效率，增强农田抗旱防涝能力，农田灌溉设计保证率达到 50% 以上，旱作区农田排水设计暴雨重现期达到 5～10 年一遇。

（4）开展田间机耕路、生产路建设和改造，机耕路路面宽度宜为 3～6 米，生产路路面宽度一般不超过 3 米，可酌情采用混凝土、沥青、碎石、泥结石或素土等材质，暴雨冲刷严重地区应采用硬化措施。配套建设农机下田坡道、桥涵、错车点和末端掉头点等附属设施，提升完善农田路网工程。田间道路直接通达的田块数占田块总数的比例，平原区达到 100%，山地丘陵区达到 90% 以上。

（5）建设农田防护和生态环境保护工程。风沙危害区，结合立地和水源条件，合理选择树种、修建农田防护林。水土流失区，与田块、沟渠、道路等工程相结合，配套建设岸坡防护、沟道治理、坡面防护等工程，增强农田保土、保水、保肥能力。受防护的农田面积比例应不低于 90%。

第五章　高标准农田基础设施建设

第一节
田块整治

一、概念

耕作田块是由田间末级固定沟、渠、路、田坎等围成的，满足农业作业需要的基本耕作单元。应因地制宜进行耕作田块布置，合理规划，提高田块归并程度，实现耕作田块相对集中。耕作田块的长度和宽度应根据气候条件、地形地貌、作物种类、机械作业、灌溉与排水效率等因素确定，并充分考虑水蚀、风蚀。

田块整治工程包括耕作田块修筑工程和耕作层地力保持工程。田块修筑工程分为条田修筑、梯田修筑，主要包括土石方工程、田埂（坎）修筑工程。耕作层地力保持工程包括表土剥离与回填、客土改良、加厚土层。

二、规划设计要求

田块整治工程规划设计应先对田块进行规划，初步确定土地平整区域与非平整区域，对布局不合理、零散的田块应划入土地平整区域，进行零散田块归并，全面配套沟、渠、路、林等田间基础设施和农田防护措施。

（一）设计基本原则

考虑土地权属调整，权属界线宜沿沟、渠、路、田坎布设。设计应因地制宜，并与灌溉、排水工程设计相结合。土地平整时应加强耕作层的保护，按照就近、安全、合理的原则取土或弃土，应通过挖高填低，尽量实现田块内部土方的挖填平衡，平整土方工程量总量最小。

农田连片规模，山地丘陵区连片面积500亩以上，田块面积45亩以上；平川区连片面积5 000亩以上，田块面积150亩以上。

（二）田块修筑工程

田块按平整的类型划分为条田和梯田。

1. 条田修筑　地面坡度为0°～5°的耕地宜修建条田，田面坡度旱作农田1/800～1/500、灌溉农田1/2 000～1/1 000。条田形态宜为矩形，水流方向田块长度不宜超过200米，条田宽度取机械作业宽度的倍数，宜为50～100米。

2. 梯田修筑　地面坡度为5°～25°的坡耕地宜修建水平梯田，田面平整，并构成1°反坡梯田，梯田化率达到90%，旱地梯田横向坡度宜外高内低。田块规模应根据不同的地形条件、灌排条件、耕作方式等确定，梯田长边宜平行于地形等高线布置，长度宜为 100 ~ 200 米，田面宽度应便于机械作业和田间管理。

3. 田埂（坎）修筑　田埂（坎）应平行等高线或大致垂直农沟（渠）布置，应有配套工程措施进行保护，因地制宜采用植物护坎、石坎、土石混合坎等保护方式。在土质黏性较好的区域，宜采用植物护坎，植物护坎高度不宜超过 1.0 米。在易造成冲刷的土石山区，应结合石块、砾石的清理，就地取材修筑石坎，石坎高度不宜超过 2.0 米。修筑的田埂稳定牢固，石埂稳定可防御 20 年一遇暴雨，土埂稳定可防御 5 ~ 10 年一遇暴雨。

（三）耕作层地力保持工程

1. 耕作层剥离与回填　土地平整时应将耕作层剥离，剥离后的耕作层土壤集中堆放到指定区域，土地平整后应将耕作层土壤均匀回填至平整区。耕作层回填厚度不小于 25 厘米。剥离耕作层土壤的回填率应不低于 80%，并使用机械或人工铺摊均匀，在坡改梯后的耕地上回填土壤，应根据水土保持要求增加竹节沟或梯田田埂设计。耕作层回填前田面必须达到设计回填耕作层底面高程。

2. 客土回填　当项目区内土层厚度和耕作土壤质量不能满足作物生长、农田灌溉排水和耕作需要时，应该采取客土回填方式消除土壤过沙、过黏、过薄等不良因素，改善土壤质地，使耕层质地成为壤土。回填作为底土的客土必须有一定的保水性，碎石和沙砾等粗颗粒含量不超过 20%。通过加厚土层，使一般农田土层厚度达到 100 厘米以上，沟坝地、河滩地等土层厚度不少于 60 厘米，具备优良品种覆盖度达到 100%水平的土壤基础条件。

第二节 灌溉与排水

一、灌溉排水工程设计一般规定和要求

灌溉与排水工程包括水源工程、输配水工程及田间工程。

灌溉技术主要包括渠灌技术、管灌技术、喷灌技术、微灌技术（含滴灌、涌泉灌、微喷灌、渗灌）。

灌溉水源应以地表水为主，地下水为辅，天然降水为补充。对地下水超采、限采区应严格执行当地水资源管理的有关规定，所有输配水设施均应安装水量计量设备。

灌排渠（管）系建筑物及管理房应配套完善，建议采用国家或省推荐的定型设计图纸，以使项目范围内各型建筑物达到形式统一、协调。

末级固定灌排渠、沟、管应结合田间道路布置，以节约用地，

方便管理。末级固定灌排渠、沟、管密度及间距应符合《灌溉与排水工程设计标准》（GB 50288—2018）等有关标准、规范或规定。

灌溉排水工程施工时应根据安全保护需要，在现场设置必要的安全警示牌或警示标志。

二、灌溉设计标准及设计基准年选择

确定灌溉设计标准可采用灌溉保证率法和抗旱天数法。一般情况下，对干旱地区或水资源紧缺地区且以旱作物为主的，渠灌、管灌的灌溉设计保证率可取50%~75%，半干旱、半湿润地区或水资源不稳定地区，渠灌、管灌的灌溉设计保证率取70%~80%；喷灌、微灌的灌溉设计保证率可取85%~95%。

灌溉水利用系数取值：渠道防渗输水灌溉工程，小型灌区不应低于0.70，地下水灌区不应低于0.80，管灌、喷灌工程不应低于0.80，微喷灌工程不应低于0.85，滴灌工程不应低于0.90。

设计基准年可选择最近一年。

三、水资源供需平衡分析

项目区水资源开发利用状况及可供水量计算，包括水利工程现状供水能力（包括地表水、地下水、过境水）、新开发水源的潜力及可行性分析。

灌溉制度的拟定及需水量计算：作物种植比例应符合当地种植结构调整计划，灌溉制度应结合当地群众多年丰产灌水经验科学合理地制定，灌溉方式应结合作物种植种类及灌水特点择优确定。

灌溉用水量根据所制定的灌区灌溉制度并考虑灌溉水利用系数等进行计算。

灌区供需水平衡分析计算应以独立水源灌区为计算单元进行。供需水平衡分析后必须有明确结论，如出现不平衡时应提出相应的技术措施。

四、工程主要建设内容

渠道要说明材料、断面形式、尺寸、长度、厚度等；渠系建筑物要说明建筑物的名称、数量等；管道要说明材质、管径、长度、工作压力等；管系建筑物要说明建筑物的名称、数量等；塘坝、水池、旱井等要说明容积及配套设施；泵站要说明装机容量及其配套设施；机井要说明单井流量、眼数及配套设施等。

五、水源工程设计说明

灌溉水源主要包括机井（群）、水库、池塘、湖泊、河流、渠道等。

机井（群）设计说明：包括现状机井深度、井孔直径、井距、井管材料、单井出水量、动水位、静水位等；所配套的水泵及输配变电设备的规格型号及容量等：各类设备新近安装的年份或年限；机井管理房，井台、井罩现状；有关部门颁发的取水许可证时间及许可取水量以及各机井存在的问题等。根据各井灌区农作物的种类、比例等，依据灌溉制度，合理确定所需的机井数量，提出需要配套的水泵及变配电设备规格型号、数量等。

水库、池塘、湖泊、水窖等设计说明：包括水库、湖泊的蓄水容积及水窖、池塘的集水面积、蓄水容积及结构状况；水库、池塘、湖泊、水窖每年或作物生育期内各阶段的蓄水情况；其所配套的建筑物的形式、数量、规模等；并结合工程现状，根据工程需要提出需要新建或改造的建筑物。

河流、渠道水源工程说明：包括每年或作物生育期内各阶段河流、渠道的来水流量、水位变化状况；取水建筑物现状及完好程度，校核取水流量能否满足设计灌溉所需水量，并提出相应的工程措施及设计方案。

泵站取水水源工程设计说明：包括泵站的建设性质、取水水源类型、设计流量、特征水位、地形扬程、机泵选型及运行工况等；所配套机电及输变电设备等情况；泵站各主要建筑物结构形式、尺寸等；已建泵站存在问题及所需改造的内容等。

六、输水工程设计说明

输水工程主要包括输水渠、管以及所配套建筑物等。要说明输水工程的建设性质、现状输水形式、结构尺寸、流量、长度及存在问题等，根据设计流量复核已建工程的过流能力，提出需改造的理由及有关改造内容。

七、灌区工程设计说明

灌区工程主要包括各级配水渠、管以及所配套的建筑物等。要说明灌区工程的建设性质，灌区现状及存在问题等，根据设计流量复核已建工程的过流能力，提出需要改造的理由及有关改造内容；

针对不同作物所选用的节水灌溉技术，并进行分类设计计算等。

灌区工程要说明工程采用的灌溉方式及总体布局，着重阐述清楚水源类型、输水形式以及采用的灌溉技术和田间工程布置、控制灌溉面积等。

喷灌工程确定总体布置、喷头选型、布置间距、工作制度、运行方式、管网布置、设计流量、干支管水力计算及管径、水泵选型、主要建筑物形式等。

微灌工程确定灌水器选型、灌水器布置、工作制度、运行方式、系统布置、毛管设计、干支管水力计算及管径、首部枢纽设计、主要建筑物形式等。

低压管道输水灌溉确定出水口间距、灌水周期、设计流量、田块规格、管网布局、干支管水力计算及管径、主要建筑物形式等。

机井改造工程原则上要建立机井控制保护＋智能灌溉控制模式，实现机井远程启停计量、信息自动生成、数据物联传输共享。

高效节水项目的喷灌、微灌工程以及核心示范区工程，原则上要建成水肥一体化自动控制装置，实现水、肥、药智能控制运行监测，实现区域集成物联网云平台，自动采集分析各种信息数据，适时进行运行控制调节。

八、软体集雨水窖新型材料应用

软体集雨水窖是采用一种高分子“合金”织物增强柔性复合材料制成的，具有抗撕裂、抗拉伸强度高，牢度好，阻燃、耐酸碱盐稳定性高，高温不软化、低温不硬脆，耐候性强，对环境无污染，经济环保等优点。与传统集雨水窖（池）相比，具有强度高、寿命长、密封好、不渗漏、耐高温严寒、安装简便、经济环保等优点，软体集雨水窖成本很低，安装简便。

软体集雨水窖主要用于集雨及调节水量，以缓解北方缺水地区水资源紧缺状况，同时，还可作为小面积灌区的水量调节设施之用。软体集雨水窖的安装可参考全国农业技术推广服务中心节水农业技术处《高效节水技术示范项目指导意见》中的有关规定进行。

第三节 田间道路

高标准农田建设项目田间道路包括田间道（机耕路）和生产路，其中田间道按主要功能和使用特点分为田间主道和田间次道。田间道路设计应根据确定的道路等级、通行荷载、限行速度等指标进行计算设计。田间道路应尽量在原有基础上修建，应与第二次全国土地调查数据库或实施后的第三次全国土地调查数据库比对核实，尽量少占用耕地、不能新占基本农田。在当地村民需求强烈且确需建设混凝土路面的地方，允许建设适量混凝土路面，但田间道路建设的财政资金投入比例原则上以县为单位，不得超过财政总投入的40%。

一、田间道路功能

田间主道指项目区内连接村庄与田块供农业机械、农用物资和农产品运输通行的道路。田间次道指连接生产路与田间主道的道路。生产路指项目区内连接田块与田块、田块与田间道，为田间作业服务的道路。

二、田间道路布置

（1）田间主道应充分利用项目区内地形地貌条件，从方便农业生产与生活、有利于机械化耕作和节省道路占地等方面综合考虑，因地制宜，改善项目区内的交通和生产生活环境。

（2）田间主道、田间次道宜沿斗渠（沟）一侧布置，路面高程不低于堤顶高程。

（3）田间道路布置应满足农田林网建设的要求。

（4）项目区内各级道路应做好内外衔接，统一协调规划，使各级田间道路形成系统网络。

（5）对于山地丘陵区，田间道路布置还应尽量依地形、地貌变化，沿沟边或沟底布置，以减少新建田间道路的开挖或回填土方。

（6）平面设计的道路平曲线主要技术指标见表 5–1。

表 5-1　道路平曲线主要技术指标

道路等级	田间主道		田间次道	
地形	平原区	丘陵山地区	平原区	丘陵山地区
行车速度（千米/时）	40	20	30	15
一般最小圆曲线半径（米）	100	30	60	20

三、田间道路工程设计

（一）路面设计

1. 建设指标　田间道路路面宽度、路基宽度等建设指标详见表5-2。

表 5-2　田间道路建设指标

工程类型	路面宽度（米）	路肩宽度（米）	路基宽度（米）	边坡比	限载质量（吨）	设计年限（年）
田间主道	4 ~ 5	0.5	5 ~ 6	—	≤ 6	≥ 15
田间次道	3 ~ 4	0.5	4 ~ 5	1 : 1.5	≤ 4	≥ 10
生产路	1 ~ 2	—	2 ~ 2.5	—	—	—

2. 路面结构与材质　田间道路面结构一般设为两层：面层和基层。田间主道路面宜采用混凝土路面或沥青碎石路面；田间次道路面宜采用沙石路面或泥结石路面。路面基层材料宜采用水泥稳定碎石、二灰碎石等半刚性材料，也可采用水泥稳定粒料（土）、石灰粉煤灰稳定土、石灰稳定粒料（土）、填隙碎石或其他适宜的当地

材料铺筑。路面应高出地面 0.3 米以上。碎石、砾石等砾料路面路拱坡度一般采用 2.5% ~ 3.5%。不同材料类型的田间道路面面层和基层厚度不应低于表 5-3 规定。

表 5-3 不同材料类型的田间道路面面层和基层厚度指标

工程类型	田间主道		田间次道
路面类型	水泥混凝土路面	沥青碎石路面	沙石或泥结石路面
面层厚度（厘米）	≥ 16	≥ 5	≥ 15
基层厚度（厘米）	≥ 15	≥ 15	≥ 15

（二）路基设计

（1）路基工程应具有足够的强度、稳定性和耐久性。

（2）路基设计应从地基处理、路基填料选择、路基强度与稳定性、防护工程、排水系统以及关键部位路基施工技术等方面进行综合设计。

（3）路基应采用水稳定性好的材料，严禁用种植土、表土、杂草或淤泥等材料填筑。浸水部分的路基，宜采用渗水性较好的土、石填筑，如碎石、砾石、片石等。填筑材料的粒径和压实度应满足表 5-4 中的规定。

表 5-4 填筑材料的粒径和压实度

结构类型	最大粒径（厘米）	压实度（%）
路堤	15	≥ 90
路床	10	≥ 90
路堑路床	10	≥ 90

（4）一般路基、沿河路堤的挡土墙宜采用浆砌石砌筑，同时应与路旁的沟渠衬砌结合起来修筑，堤或墙顶宽度不应小于 30 厘米，高度不小于 50 厘米。

（5）对土质松软的路基应采用三合土或石灰土回填并压实。

（6）路基的护肩尽量就地取材，培土路肩＋自然草皮＋人工植草，局部陡坡及冲刷路段可采用硬化路肩。

（7）路基工程的石材强度等级不应低于 MU30，混凝土强度等级不低于 C20。砌筑砂浆应采用强度等级不低于 M7.5 的水泥砂浆。

（8）一般路段，路肩边缘应高出路基两侧田面 0.15 米以上。

（三）纵断面设计

（1）纵断面应坡度平缓，起伏均匀，宜与农田纵坡一致。

（2）田间道最大纵坡坡度值，平原地区不宜大于 6%，丘陵地区不宜大于 10%。最小纵坡坡度值应满足（雨、雪）排水要求，宜取 0.3%～0.4%，多雨地区宜取 0.4%～0.5%。

（3）田间主道纵坡坡度连续大于 5%，坡长应不大于 500 米。否则，必须在限制坡长处设置缓和坡段。缓和坡段的坡度不应大于 3%，长度不应小于 100 米。受地形条件限制时，田间主道的缓和坡段长度不应小于 80 米。

（4）田间次道纵坡坡度连续大于 5%，坡长应不大于 300 米。否则，必须在限制坡长处设置缓和坡段。缓和坡段的坡度不应大于 3%，长度不应小于 100 米。受地形条件限制时，田间次道的缓和坡段长度不应小于 50 米。

四、生产路工程设计

（1）生产路宽度：应考虑通行小型农机具的要求，宽度宜为2.0～2.5米。

（2）生产路路基：可采用天然土路基。

（3）生产路路面：宜采用素土夯实，对一些有特殊要求的地方，可采用泥结石、碎石等。素土路面土质应具有一定的黏性和满足设计要求的强度，压实系数不宜低于0.95。采用泥结石面层时，厚度宜为8～15厘米，骨料强度不应低于MU30。

（4）生产路路面：应高出田面0.15米。

（5）生产路纵坡：与农田纵坡基本一致，生产路可不设路肩。

第四节 农田防护与生态环境保护

农田防护与生态环境保护工程是指根据因害设防、因地制宜的原则，将一定宽度、结构、走向、间距的林带栽植在农田田块四周，通过林带对气流、温度、水分、土壤等环境因子的影响，来改善农田小气候，减轻和防御各种农业自然灾害，创造有利于农作物生长发育的环境，以保证农业生产稳产、高产，并能对人民生活提供多种效益的一种人工林。

一、防护林类型

防护林按功能分为农田防风林、梯田埂坎防护林、护路护沟（渠）林、护岸林。其中，农田防风林应由主林带和副林带组成，必要时设置辅助林，无风害地区不宜设农田防风林。

二、设计原则

农田防护与生态环境保护工程应因害设防，全面规划，综合治理，与田、沟、渠、路等工程相结合，统筹布设。

三、技术措施

（1）对受风沙影响严重的区域，新建或完善防护林带（网）。

（2）对坡面较长、易造成水土流失的坡耕地及沟坝地、沟川地等，采取工程措施，包括修筑梯田或土埂，修建截流沟、排水沟、排洪渠、护地坝等，并增加集雨设施，引导并收集坡面径流进入蓄水池（井）；同时辅以生物措施，种植防护效益兼经济效益好的灌木或草本植物，形成保持水土的良好植被。

（3）对盐渍化区域，完善林网建设，改善田间小气候，减少地面蒸发，减轻土壤返盐。

四、树种选择

树种的选择要以农田防护为目的，适地适树，不得栽植高档名贵花木。应以乡土树种为主，适当引进外来优良树种，兼顾防护、用材、经济、美化和观赏等方面的要求，同时符合下列要求：

（1）主根应深，树冠应窄，树干通直，并应速生。

（2）抗逆性强。

（3）混交树种种间共生关系好、和谐稳定。

（4）与农作物协调共生关系好，不应有相同的病虫害或是其中间寄主。

（5）灌木树种应根系发达，保持水土、改良土壤能力强。

北方地区常用的优良防护树种，乔木及小乔木树种有国槐、速生楸、白蜡、旱柳、椿树、银杏、柿树、刺槐、栾树、木槿、红叶李、女贞等，灌木树种有紫穗槐、荆条、连翘、榆叶梅等。

五、苗木质量及规格

苗木质量符合《主要造林树种苗木质量分级》（GB 6000—1999）规定的Ⅰ、Ⅱ级标准，其中乔木树种要求胸径 6 厘米以上，枝下高 3 米以上，全冠；小乔木要求地径 5 厘米以上，枝下高 1 米以上，全冠。

六、栽植模式

应采用两个及以上树种混交栽植，纯林比例不应超过 70%，单一主栽树种株数或面积不应超过 70%。林带的株行距应满足所选树种生物学特性及防风要求。梯田埂坎防护林树种宜选择灌木树种。护路护沟（渠）林宜栽植于路和斗沟（渠）两侧，单侧栽植时宜栽植在沟、渠、路的南侧或西侧，树种宜乔、灌结合。丘陵区沟头、沟尾宜营造乔灌草结合的防护林带。

七、主要指标

一般受防护的农田面积占建设区面积的比例不低于 90%，农田防护林网面积达到 3% ~ 8%。所造林网中的林木当年成活率要达到 95%以上，3 年后保存率要达到 90%以上。

第五节
农田输配电工程及科技服务

一、农田输配电工程

（一）概念

农田输配电工程指为泵站、机井以及信息化工程等提供电力保障所需的强电、弱电等各种设施，包括输电线路、变配电装置等。其布设应与田间道路、灌溉与排水等工程相结合，符合电力系统安装与运行相关标准，保证用电质量和安全。

（二）基本要求

农田输配电工程应满足农业生产用电需求，并应与当地电网建设规划相协调。

农田输配电线路宜采用 10 千伏及以下电压等级，包括 10 千伏、1 千伏、380 伏和 220 伏，应设立相应标识。

农田输配电线路宜采用架空绝缘导线，其技术性能应符合 GB/T 14049—2008、GB/T 12527—2008 等规定。

农田输配电设备接地方式宜采用 TT 系统，对安全有特殊要求的宜采用 IT 系统。

应根据输送容量、供电半径选择输配电线路导线截面和输送方式，合理布设配电室，提高输配电效率。配电室设计应执行 GB 50053—2014 有关规定，并应采取防潮、防鼠虫害等措施，保证运行安全。

输配电线路的线间距应在保障安全的前提下，结合运行经验确定；塔杆宜采用钢筋混凝土杆，应在塔杆上标明线路的名称、代号、塔杆号和警示标识等；塔基宜选用钢筋混凝土或混凝土基础。

农田输配电线路导线截面应根据用电负荷计算，并结合地区配电网发展规划确定。

架空输配电导线对地距离应按 DL/T 5220—2014 规定执行。需埋地敷设的电缆，电缆上应铺设保护层，铺设深度应大于 0.7 米。导线对地距离和埋地电缆铺设深度均应充分考虑机械化作业要求。

变配电装置应采用适合的变台、变压器、配电箱（屏）、断路器、互感器、起动器、避雷器、接地装置等相关设施。

变配电设施宜采用地上变台或杆上变台，应设置警示标识。变压器外壳距地面建筑物的净距离应大于0.8 米；变压器装设在杆上时，无遮拦导电部分距地面应大于 3.5 米。变压器的绝缘子最低瓷裙距地面高度小于 2.5 米时，应设置固定围栏，其高度应大于 1.5 米。

接地装置的地下部分埋深应大于0.7 米，且不应影响机械化作业。

根据高标准农田建设现代化、信息化的建设和管理要求，可合理布设弱电工程。弱电工程的安装运行应符合相关标准要求。

二、科技服务

高标准农田建设科技服务主要是提高农业科技服务能力，配置定位监测设备，建立耕地质量监测、土壤墒情监测和虫情监测站（点），加强灌溉试验站网建设，开展农业科技示范，大力推进良种良法、水肥一体化和科学施肥等农业科技应用，加快新型农机装备的示范推广。

（一）高标准农田土壤墒情自动监测网络

为了加大高标准农田建设区域土壤墒情监测力度，建立健全墒情监测网络体系，提升监测效率，提高墒情监测服务能力，以乡镇为单位安装墒情自动监测系统。每套系统包括 1 台固定式土壤墒情自动监测站和 4 台管式土壤墒情自动监测仪，监测信息可自动上传至全国土壤墒情监测系统及省级土壤墒情监测系统。技术参数参考全国农业技术推广服务中心节水农业技术处《旱作节水技术示范项目指导意见》。

1. 站点选择　充分考虑区域内主导作物、气候条件、灌排条件、土壤类型、生产水平等因素合理布局，监测点设立在作物集中连片、种植模式相对一致的地块，确保监测数据具有代表性。

2. 建设内容　强化土壤墒情监测，大力推进监测站（点）建设，每个示范点要求配置 1 套墒情监测设备，包括 1 台固定式土壤墒情自动监测站和 4 台管式土壤墒情自动监测仪，建立健全墒情监测网络体系，扩大土壤墒情监测范围，充分利用现代监测和信息设备，全面提升监测效率和服务能力。

（1）**固定式土壤墒情自动监测站**。固定式土壤墒情自动监测站是指配备固定式土壤墒情自动监测设备长期固定在农田某一位置，可实时进行土壤墒情数据自动采集、存储，能够定时将采集的信息自动上传到全国土壤墒情监测系统及省级土壤墒情监测系统的监测站，可以通过手机查看监测数据、在线图片等。主要包括管式土壤墒情自动监测仪、主采集器、要素分采集器和外围设备等，可实时进行数据自动采集，监测指标包括土壤含水率（不低于4层，0~20厘米、20~40厘米、40~60厘米、60~100厘米）以及土壤温度（层次要求同土壤含水率）、空气温度、空气相对湿度、总辐射、风向、风速、降水量、大气压等，有条件的可增加土壤EC（电导率）值等。还需要加装图片传感器，监测作物长势、长相。固定式土壤墒情自动监测站技术参数见表5–5。

（2）**管式土壤墒情自动监测仪**。管式土壤墒情自动监测仪是指一体化多深度土壤墒情自动监测仪器，能够测量不同层次土壤含水率、土壤温度等因子，可实时进行土壤墒情数据自动采集、存储，能够定时将采集的信息自动上传到全国土壤墒情监测系统及省级土壤墒情监测系统的监测仪器。主要包括管式设计的土壤墒情传感器和数据采集器、外围设备等，可实时进行数据自动采集，监测指标包括土壤含水率和土壤温度等（不低于4层，0~20厘米、20~40厘米、40~60厘米、60~100厘米）。管式土壤墒情自动监测仪技术参数见表5–6。

表 5-5 固定式土壤墒情自动监测站技术参数

监测指标	测量范围	分辨率	最大允许误差
土壤含水率（4层）	0 ~ 60%（体积含水率）	≤ 0.1%	±2.5%（室内），±5%（室外）
土壤温度（4层）	− 20 ~ 80℃	≤ 0.1℃	±0.5℃
空气温度	− 40 ~ 50℃	≤ 0.1℃	±0.3℃
空气相对湿度	0 ~ 100%	≤ 0.1%	±3%
总辐射	0 ~ 1 400 瓦/米 ^{2}	≤ 5 瓦/米 ^{2}	±1%（日累计）
风向	0° ~ 360°	≤ 3°	±5°
风速	0 ~ 60 米/秒	≤ 0.1 米/秒	±（0.5 + 0.03× 风速）米/秒
降水量	0 ~ 4 毫米/分	≤ 0.1 毫米	翻斗式雨量传感器：±0.4 毫米（降水量小于 10 毫米）±4%（降水量大于 10 毫米）冲击势能式雨量传感器：5%（日累计）
大气压	300 ~ 1 100 百帕	≤ 0.1 百帕	±0.5 百帕

注：技术参数是最低要求，不得低于此范围。图片传感器不得低于200万像素。

表 5-6 管式土壤墒情自动监测仪技术参数

监测指标	测量范围	分辨率	最大允许误差
土壤含水率（4层）	0 ~ 60%（体积含水率）	≤ 0. 1%	±2.5%（室内），±5%（室外）
土壤温度（4层）	− 40 ~ 80℃	≤ 0. 1℃	±0.5 ℃

注：技术参数是最低要求，不得低于此范围。

（3）设备共性要求。

1）在气温为 −30 ~ 60℃的环境下能正常工作。

2）机箱、电缆接头、防护罩等露天的部件外壳防护等级应达到 IP65；土壤水分传感器等埋入土壤的部件外壳防护等级应达到 IP68。

3）具备太阳能供电功能且有电池过充和过放保护，在无充电情况下能正常工作 15 天以上。

4）支持手机无线移动网络数据上传（TCP/IP 协议）。支持后台数据存储（12 个月以上的数据量）与导出，可设置数据采集和发送时间间隔。

5）采集的数据能自动上传到全国土壤墒情监测系统。出现电池亏电、太阳能亏压、设备欠费、传感器故障、信号故障等问题时能同时自动报警给全国土壤墒情监测系统和监测设备管理人员。

（4）售后服务与传输费用。厂家应免费提供设备的规范化安装。

厂家应免费提供技术培训指导，保证产品使用过程中的技术支持与指导服务。

厂家应提供 5 年以上质保期（包括设备正常运行、数据正确完整传输，承担 5 年的数据传输流量费用），终身保修。

厂家应统一进行数据校准培训，通过田间采样、实验室测量，将实测数据与监测站数据进行对比，修正监测站数据曲线，以保证自动监测点数据与实际所需数据保持一致。

厂家应与当地农技人员一同准确测定每个监测点的土壤容重、田间持水量等重要参数。

3. 建设要求　监测站点应选择安全可靠的地方，防止人为损坏监测设备。监测站占地不小于 30 米^2，应建设水泥基座、围栏、标牌，围栏面积应不小于 10 米^2，可选择围网、钢管、不锈钢管等材质，标牌应标识“全国土壤墒情监测系统 ×× 省 ×× 县墒情监测站”。

（二）耕地质量监测网点建设

按照农业农村部农田建设监管平台及高标准农田质量调查监测评价工作有关规定，高标准农田建设项目区应在项目实施前后分别开展耕地质量监测评价，比较项目建设前后耕地质量变化情况，并达到预期效果和目标。布置建设耕地质量监测网点，原有耕地平川区每 1 000 亩、山地丘陵区每 500 亩设立一个点位；新增加的耕地每 20 亩设立一个点位。监测点位耕层每点位 0 ~ 20 厘米采集一个土壤样品。原有耕地经高标准农田项目建设后，耕地质量等级应较项目实施前有所提升；新增加耕地的耕地质量等级应不低于周边耕地。

项目验收前提交耕地质量等级评价报告，评价报告应包括项目基本情况、耕地质量等级评价过程与方法、评价结果及分析、建设前后耕地质量主要性状及等级变动情况、土壤培肥改良建议等章节，并附土壤检测报告、指标赋值情况和成果图件等。成果图件包括监测点位分布图、高标准农田建设区耕地质量等级图（建设前、建设后），需附矢量化电子格式。

（三）物联网监控云平台（智慧农业平台）

物联网监控云平台是农业物联网的枢纽，它是用户与安装在田地中监测设备的桥梁。所有设备将数据发送至云平台，同时被云平台控制，云平台能保证所有数据与设备同步保存。支持用户通过手机、iPad 或电脑等智能终端，随时查看和管控。通过密码保护账户安全，实现远程控制、数据自动汇总与可视化。

物联网监控云平台以县为单元，建设集中控制中心。

第六章 高标准农田地力提升活动

第一节 土壤改良

一、概念

土壤改良工程指为改善土壤质地，减少或消除影响作物生长的障碍因素而采取的措施，包括耕作层浅薄土壤改良、沙（黏）质土壤改良、盐碱地改造、酸性土壤改良、贫瘠土壤改良和轻度污染土壤修复等。土壤改良总体目标是消除障碍因素，土壤肥沃，耕作层厚度适宜，耕性良好。

二、主要技术

高标准农田规划设计前，应对项目区农田生产条件、土壤肥力状况、土壤障碍因素进行详细调查，获取农田耕作层厚度、土壤质地、土壤 pH、土壤有机质、碱解氮、有效磷、速效钾、缓效钾、重金属等影响土壤质量的主要因素和关键指标。土壤改良工程应优先采用生态环保改良技术措施。

（一）耕作层浅薄土壤改良

通过合理耕作，耕作层厚度达 25 厘米以上。耕作层浅薄农田可采用深耕深翻和熟土（客土）回填进行改良。深耕深翻是指采用农机具深耕深翻土壤，深度要达到 30 厘米以上，结合增施有机肥，加速土壤熟化；熟土（客土）回填是指利用非农建设占用耕地项目剥离下来的表层耕作土壤直接加厚耕作层。

（二）沙（黏）质土壤改良

黏土、重壤土、沙土应进行土壤质地改良。

黏土、重壤土可采用掺沙土或者泥炭、腐熟农家肥等有机肥类改良。掺沙土每亩掺粒径为 0.1 ~ 0.5 毫米的沙土 10 ~ 15 吨，均匀撒于田面，农机旋耕深度达到 20 厘米，使沙土与黏土混匀，或者掺泥炭、腐熟农家肥等有机肥类每亩 3 ~ 4 吨，深耕 20 厘米以上混匀。

沙土改良可采用客土掺黏土或者翻淤压沙等措施。客土掺黏土指在沙土中每亩直接掺入黏粒含量高的黏土、黏壤土、塘泥、老砖土等 10 ~ 15 吨，均匀撒于田面，农机旋耕深度达到 20 厘米。翻淤压沙是指对表层沙土较薄、心土层有黏质土的土壤，农机深翻，使黏质心土与表层沙土混匀。

（三）盐碱地改造

1. 工程措施改造　建立完善的排灌系统，做到灌、排分开，加强用水管理，严格控制地下水位，有条件的地方可以通过引水等灌溉冲洗、修建排碱沟清淤等，不断淋洗和排除土壤中的盐分。实施平整土地，减少地面径流，提高伏雨淋盐和灌水洗盐效果，同时能防止洼地受淹、高处返盐，也是消灭盐斑的一项有效措施。

2. 农业技术改良　通过深耕、平整土地、加填客土、盖草、翻淤、盖沙、增施有机肥等措施，改善土壤成分和结构，增强土壤渗透性能，加速盐分淋洗。

3. 生物改良　通过种植和翻压绿肥牧草、秸秆还田、施用菌肥、种植耐盐植物、植树造林等措施，提高土壤肥力，改良土壤结构，并改善农田小气候，减少地表水分蒸发，抑制返盐。

4. 化学措施改良　在盐碱耕地上施用硫酸亚铁、石膏等土壤改良剂，降低或消除土壤碱分，改良土壤理化性质。各种措施既要注意综合使用，更要因地制宜，才能取得预期效果。硫酸亚铁一般亩施用量为 40 ~ 60 千克。

（四）贫瘠土壤改良

通过土壤培肥和改良增加土壤团粒结构，提高土壤有机质含量，耕层土壤有机质含量达到 15 克 / 千克以上。低肥力土壤改良措施：施农家肥，每亩施腐熟堆肥、厩肥 1 ~ 2 吨，配施尿素 5 ~ 10 千克；施商品有机肥，每亩施 300 ~ 400 千克，配施尿素 5 ~ 10 千克；实施农作物秸秆还田，每亩用量 300 ~ 400 千克秸秆（以风干秸秆计），配施尿素 5 ~ 10 千克；秋冬季在农田种植绿肥作物。

（五）轻度污染土壤修复

1. 重金属元素轻度超标土壤修复　宜采取物理措施、化学措施、生物措施综合改良。物理措施包括清除污染源，修建拦截工程设施等，剥离污染土壤、熟土（客土）覆盖、换土、深耕翻土等工程措施；化学措施包括调节土壤 pH 为中性，增施有机肥；生物措施包括种植富集特定重金属元素的非食用作物，种植特定重金属元素低积累的农作物品种。

2. 农业面源污染土壤修复　一是控制农药使用量，应用高效诱虫灯、高效生物农药等病虫害绿色防控措施，统防统治，降低化学农药特别是除草剂用量；二是控制化肥使用量，优化施肥结构和施肥方法，合理施用生物有机肥和商品有机肥；三是控制农膜使用量，清理土壤残留农膜；四是实行种子消毒、集中育秧。

3. 农业点源污染土壤修复　应在消除或隔离污染源的情况下，采取如下综合措施：一是农田外围建设截污沟，截断养殖场粪便等污染物继续进入农田；二是适当深耕深翻，将下层土壤上翻；三是受污染水田开沟沥水改旱作，直至污染消除。

第二节 障碍土层消除

一、概念

（一）土体构型与土壤发生层

土体构型是指各土壤发生层有规律的组合、有序的排列状况，也称为土壤剖面构型，是土壤剖面最重要的特征。

土壤剖面指从地面垂直向下的土壤纵剖面，也就是完整的垂直土层序列，是土壤成土过程中物质发生淋溶、淀积、迁移和转化形成的。不同类型的土壤，具有不同形态的土壤剖面。土壤剖面可以表示土壤的外部特征，包括土壤的若干发生层次、颜色、质地、结构、新生体等。

在土壤形成过程中，由于物质的迁移和转化，土壤分化成一系列组成、性质和形态各不相同的层次，称为发生层。发生层的顺序及变化情况，反映了土壤的形成过程及土壤性质。

土体构型分为5种类型，即薄层型、黏质垫层型、均质型、夹层型、砂姜黑土型；按障碍层出现的部位又分为16种构型。

（二）障碍层定义及主要类型

按照《农业大辞典》的定义，是对土体中存在的理化性质不良、妨碍植物生长的各种土层之统称。障碍层对植物生长所产生的障碍作用及其程度，因其出现层位及其物质组成而异。

常见的障碍层有黏磐、黏化层、钙积层、盐积层和碱积层、潜育层、白土层（白浆层）、灰化层、冻土层等，障碍特征各异。

1. 黏化层　土壤黏化过程是土壤剖面中黏粒形成和积累的过程，包括残积黏化和淀积黏化。残积黏化是指土内的分化产物，由于缺乏稳定的下降水流，黏粒没有向下面深层土层迁移而就地积累，形成一个明显的黏化层或者一个铁质化土层，如华北平原北部的褐土的表层形成。淀积黏化是指风化和成土作用形成的黏粒，由上部土层向下悬移和淀积而成的。如海南、山东等地的褐土中黏土层在30 ~ 40厘米，一般是淀积黏化的结果。

该土层所形成的土壤质地黏重，耕性不良，常出现紧实、黏重的层次；该层透水性能极差，丰水季节里易造成土体上层滞水，影响根系的正常生长，对植物构成渍害，严重时可引起树木的烂根和死亡。

2. 钙积层　钙积过程是干旱或半干旱地区土壤钙的碳酸盐发生移动和积累的过程，如黑钙土、栗钙土、棕钙土、灰钙土的钙积层。这种碳酸钙的聚积，可以在C层，也可能出现在松软表层、黏化层或碱化层，甚至硬磐层中。如果母质富含钙质，而雨量又不足以将石灰淋溶，则易形成钙积层，钙积层出现的深度不一样对土壤的影响也不同。

3. 盐积层和碱积层　土壤盐化过程是指地表水、地下水及母质中含有的盐分，在强烈的蒸发作用下，通过土壤水的垂直或水平移动，逐渐向地表积聚，或者已经脱离地下水或地表水的影响，而表现为残余积盐的过程。盐分主要包括氯化钠、硫酸钠、氯化镁、硫酸镁等。脱盐过程是指土壤中可溶性盐通过降水或人为灌溉洗盐、开沟排水，降低地下水位，迁移到下层或者排出土体。

盐积层，为在冷水中溶解度大于石膏的易溶性盐类富集的土层，厚度大于等于 15 厘米，干旱地区盐成土含盐量大于等于 20 克，其他地区盐成土含盐量大于等于 10 克。

碱积层，为一交换性钠含量高的特殊淀积黏化层，呈柱状或棱柱状结构，土体下部 40 厘米范围内某一亚层交换性钠饱和度大于 30%，表层土含盐量小于 5 克。

4. 潜育层　土壤潜育化过程是指土壤长期淹水，受到有机质嫌气分解，而铁锰强烈还原，形成灰蓝—灰绿色土体的过程。如水稻土和沼泽土的有机质层。潴育化过程是指土壤浸水带经常处于上下移动，土体中干湿交替明显，促使土壤中氧化还原交替，结果土体中出现了锈斑、锈纹、铁锰结核、红色胶膜等物质。如分布在河北、山东、河南、江苏安徽等地的潮土的主要成土过程之一就是潴育化过程。

潜育层又叫灰黏层、青泥层。长期渍水形成的土层，铁锰呈还原状态，土色灰蓝或青灰；黏土矿物分散，状如黏糕。地下水位愈高，潜育层出现的部位离地表愈近，土性冷。如潜育性水稻土，养分转化缓慢，土性黏重，耕作较难，影响水稻发棵，产量不高。

5. 白土层（白浆层）　土壤白浆化过程是指在季节性还原淋溶条件下，黏粒与铁锰淋淀的过程。该过程多发生在白浆土中（黑龙江和吉林两省的东北部）。

白土层又称白浆层、假潜育层。由于季节性还原淋溶作用，在腐殖质层（或耕层）之下形成的，粉沙粒含量高，黏粒含量低，铁、锰贫乏的淡色淋溶层。该层结构不良，养分含量低，通透性差，为作物高产的障碍层。凡有白土层的土壤，一般为低产土壤。

6. 灰化层　土壤剖面中，经灰化作用形成的二氧化硅富集、无结构、似灰色或灰白色的土层。灰化表土层的形成是在寒湿、郁闭的针叶林植被下，由于有机酸（主要是富里酸）溶液下渗通过表土层，破坏了黏土矿物，使铁铝胶体淋失并淀积于下部，而氧化硅成粉末状残留下来。灰化层呈强酸性，含有机质少，缺乏氮、氧、钾等养分。

7. 冻土层　自然地理学中指的是由于气温低、生长季节短，而无法长出树木的环境；地质学中是指 0℃以下，并含有冰的各种岩石和土壤。一般可分为短时冻土（数小时、数日以至半月）、季节冻土（半月至数月）以及多年冻土（数年以上）。

（三）犁底层及其作用

犁底层是指耕作土壤由于长期受农机具挤压及静水压力作用而在耕作层之下形成的坚实土层。一般厚 5 ~ 7 厘米，土壤容重大，一般离地表 12 ~ 18 厘米，最厚可达到 20 厘米。对耕作土壤来说，具有不太厚的犁底层对保持养分、保存水分还是非常有益的。但是犁底层过厚（20 厘米）、坚实，对物质的转移和能量的传递，作物根系下伸，通气透水都非常不利的，这种情况必须采取深翻或深松办法，改造、消除犁底层。

犁底层的形成使农田土壤出现了自然分层，土壤导管被机械割断，造成了农田土壤的地表和地下水分的循环补给受阻。主要表现在灌溉时表层水很难突破犁底层而进入下层土壤参与循环，灌溉水流较快，田间表土冲蚀严重。由于北方半干旱地区降水较少而雨季集中，田间降水受犁底层的影响很难导入下层土壤，特别是山旱地，容易形成地表径流，对田面造成严重的土壤侵蚀，土壤有机质流失严重，从而使农田地力显著下降。

此外，犁底层不仅直接影响土壤水循环和土壤盐分运移，而且对植物生长也有影响，表现在一些农作物易倒伏，有些深根系作物的根系很难突破坚硬的犁底层而使根系生长受限等。

因此，土壤障碍层对于作物的危害和影响与其分布的深度及对应的耕层措施相关，有效地破除和改良障碍层是有效的办法。

二、主要技术

对于破除土壤障碍层的最有效和最直接的方式主要是机械措施中的深松和深翻措施。

（一）深松

深松顾名思义就是把深处的土壤进行松动，只松土不翻转土层，保持原有土壤层次，局部松动耕层土壤和耕层下面土壤的一种耕作技术。深松土地也叫土地深松，是指通过拖拉机牵引深松机具，疏松土壤，打破犁底层，改善耕层结构，增强土壤蓄水保墒和抗旱排涝能力的一项耕作技术。

振动深松是一项独创性的土壤耕作技术，具有耕作改土的独特功效和作用，也是盐碱土改良的重要手段之一。通过振动深松作业：①打破犁底层而不翻转土壤，做到土层不乱，改善土壤耕层结构，降低土壤容重，调节土壤水、肥、气、热条件，重新组合土壤团粒结构。②能够打破土壤板结层，使容重大，孔隙少，通气、透水和蓄水能力极差的盐碱土的土壤结构得到改善，提高土壤通透性（透气、透水）和涵养性（含蓄水、养分），从而增加雨水的入渗性能。③可减少地表径流，增大土壤蓄水容量，提高土壤蓄水保墒能力，能够蓄纳大量雨水、雪水，形成“土壤水库”，增强对自然条件的使用调节能力，做到抗旱防涝。

（二）深翻

对土壤进行一次全面的深翻，其深度要在 20 厘米以上，同时必须改良土壤，施基肥和使用化学除草剂，消灭杂草。

通过振动深翻作业：①翻转土层，深翻可以将表层失去养分的土壤翻到下层，并将地下养分充足的土壤翻到上层。同时，深松深翻也可将地面的杂草和作物根茬深埋于地下，减少来年草害的发生。②改善土壤结构，深翻不仅可以将板结的土壤松碎，打破土壤原有的结构，还可将地面上施入的有机肥料翻入地下，有机肥料在地下不断发挥肥效，提高土壤肥力，促进微生物生长活动，形成有利于农作物生长的耕地土壤。③减少病虫害的发生，深翻土壤可以将部分害虫深埋于地下，致其窒息而死；还可改变病菌的生长环境，导致其因环境的改变而死亡。此外，深翻土壤还可以将藏于地下的害虫暴露在地表上，使其或被寒冷天气冻死，或被炎热环境晒死，或被鸟类啄食，降低病虫害的发生概率。④提高抗旱能力，深翻能够提高土壤蓄水保墒的能力。

机械化深松技术将农机和农耕艺有益结合， 对耕种有进一步的保护作用。另外这项技术还可以在运用的过程中保持原本的活土层，解决作物接茬遗留在底层的问题，进一步提高土壤对水的通透性、空气的通透性、土层的保湿特性以及防旱抗寒的能力。但是对不同障碍层、不同深度障碍层来讲，可能要考虑机械措施与农艺措施、水利措施相配合进行改良。

第三节 土壤培肥

一、概念

土壤培肥，是指通过人的生产活动，构建良好的土体，培育肥沃耕作层，提高土壤肥力和生产力的过程。用地与养地相结合，防止肥力衰退与土壤治理相结合，是土壤培肥的基本原则。

二、主要技术

高标准农田建成后，应通过秸秆还田、施有机肥、种植绿肥等措施，实现土壤肥力保持或持续提高。

（一）秸秆还田

主要是指水稻、小麦、玉米等秸秆粉碎翻压还田、秸秆覆盖还田、废渣还田、直接还田、机械还田等。秸秆中含有大量的新鲜有机物料，在归还于农田之后，经过一段时间的腐解作用，就可以转化成有机质等养分，既改善土壤理化性状，也可供应一定的钾等养分。需要注意的是秸秆还田一般作基肥用，数量要适中，施用要均匀。

（二）施有机肥

根据土壤养分供应状况、作物类型和目标产量，应用测土配方施肥原理，采用同效当量法，确定施用商品有机肥的数量，实行有机肥与无机肥相结合。值得注意的是，有机肥包括农家肥和商品有机肥，农家肥应充分腐熟、进行无害化处理使有害物质含量符合要求，商品有机肥应符合 NY / T 525—2021 的要求。

（三）种植绿肥

选择标准的绿肥品种，在冬闲田或耕作制度适合绿肥种植的区域进行播种。利用稻田种植绿肥的，播种时稻田土壤保持湿润，做到均匀。水稻收割后，开好、“井”字沟和田边沟，达到沟沟相通，排灌自如，保持田间湿润而不积水，同时适当施用磷肥，达到“以小肥换大肥”的目的。

第七章

高标准农田基础工程施工管理

第一节 项目施工要求

工程施工是高标准农田建设项目的主要内容，核心把握四点：①施工人员和投入械具与工程量相匹配；②施工现场要做到工程量标识、安全警示、施工提示规范；③施工项目部成立后，施工档案、施工日志、工程签证、施工质量确认等工作要和施工进度相匹配；④施工人员持证上岗等事项，确保施工安全高效。

一、土地平整工程施工

（一）一般要求

（1）土地平整应满足田块内部自流灌溉、自流排水的要求。土地平整应符合适种作物精耕细作要求，做到田块内部平整。

（2）土地平整之前，应对现有田块布局进行现场踏勘和施工测量，测量比例尺一般为1∶500，一个土地平整单元的测量应选择同一级别的水准高程点，并将单元设计高程引入平整单元内，并用固定桩标记。

（3）根据设计和实际测量成果，确定平整单元的位置、边界和高程，确定单元内开挖线以及挖填区域及其代表点的挖填深度，并对不同区域进行标记划分，然后根据设计要求对田块进行放线及高程控制，做到田块方正。

（4）田间土地平整尽量做到挖填平衡、不余土、不出现二次搬运土方。填挖土方原则上在一个平整地段内进行平衡，但必须照顾到相邻地段的填挖情况，以缩短填挖运距，节省劳力。根据土方平衡计算，做出施工指示图及说明书。

（二）条田平整的施工程序和要求

（1）熟悉设计文件和图纸，了解作物生长对土地平整的要求，分析土地平整工程施工的可行性。

（2）现场校对设计图纸，并开展施工测量放样，落实土方开挖、回填、表土剥离等位置，现场估算工程量，制订土地调配方案。

（3）划分土地平整区域，对于田块归并和田面挖深大于10厘米的现有耕地区域进行表土剥离，将表土放在不被侵蚀、污染的区域。

（4）开展田块内部平整，不足土方进行区外调土，满足田面设计高程和田面平整度的要求。

（5）进行表土回覆施工，复核平整后的格田高程，满足田块内自流灌溉要求。

（6）条田内土地平整可选用推土机配合挖掘机、铲运机施工，对于机械不能到达的小区域地块，可采用人工平整。

（三）梯田平整的施工程序和要求

按照大弯就势、小弯取直的原则，进行梯田施工。梯田施工包括定线、清基、筑埂、保留表土、修平田面五道工序。

（1）定线。根据梯田规划确定梯田区的坡面，在其正中（距左右两端大致相等）从上到下画一中轴线，在中轴线上画出各台梯田的田面斜宽基点，从各台梯田的基点出发，用水准仪向左右两端分别测定其等高点；连接各等高点成线，即为各台梯田的施工线。

（2）清基。以各台梯田的施工线为中心，上下各画出50～60厘米宽作为清基线。

（3）筑埂。

（4）保留表土。包括表土逐台下移法、表土逐行置换法和表土中间堆置法。

（5）修平田面。

（四）石地治理的施工程序和要求

石地治理包括两个方面：一是拣集、清理石块，回填耕作层土壤；二是爆破石块，用于梯田区石坎的修筑。

石地治理施工内容如下：施工准备→测量放样→表土剥离→田间施工便道布置→机械进场→清理岩石或爆破→清基→筑石坎→田面土方平整→表土回覆或客土培肥→交工验收。

对于松石可采用机械进行清除。对石方面积较大、挖深较大且数量集中地段可采用钻机打眼，并通过排孔预裂爆破和弱松动爆破进行清除。清除后的石方运输至指定地点，筑石坎或用于其他工程的修筑。

清理岩石时需进行爆破的施工顺序：测量放线→布置炮孔→钻孔→装药→填塞→电路连接→检测电路→警戒→起爆→检查。对于石方施工应由专业公司完成，严格按照安全操作程序进行。

石块清理后一般修筑石坎梯田，先进行表土剥离，然后按照岩石条件进行挑选，将规整石块用于石坎修筑，不合格石块运出平整区域。

石坎修筑完成后，表土耕作层厚度达不到设计要求时，应进行客土覆盖。

二、农田水利工程施工

（一）渠沟土石方施工

1. 测量放线　首先根据沟渠的控制高程点，进行沟渠中线桩的测量定位，并做好标记，同时对给定的上级沟渠各个控制点还应钉设护桩，以便于施工和竣工验收的复检工作。为便于土石方开挖和填筑的高程控制，采用闭合水准测量方法，加密测设临时水准桩，编号并做好标记。

2. 土石方开挖　渠道开挖必须根据施工放样确定的渠道中心线及开挖边线，按照设计断面进行施工。平原区土方开挖以机械为主，人工为辅助，并且挖方段的施工力求与填方平行作业。

3. 渠堤填筑　渠堤回填首先应进行土料选择，尽可能将挖方合格的填料用于渠堤回填，以减少多次倒运和借方回填。筑堤用的土料，以黏土略含沙质为宜，将透水性小的土料填筑在迎水坡，透水性大的土料填筑在背水坡。土料中不得含有草根、耕植土等有害杂物，并应保持一定含水率，以利压实。

渠堤填筑施工要求如下：

（1）铺土前应先行清基，清去基底上的表土、淤泥、树根、杂草、砖石碎块，然后打铺底夯一遍；土方填筑一律分层水平平铺倒土，每层铺土宽度应略大于设计宽度，以免削坡后断面不足。

（2）本平分层由低处开始逐层填筑，不得顺坡铺填。铺土方向沿轴线延伸，分段作业面最小长度不小于 100 米，铺土厚度一般为 20 ~ 30 厘米，作业面分层统一铺土、统一夯实。

（3）每层土填筑前应先进行刨毛，由低处向高处分层压实回填，回填土料的压实系数不小于 0.95。

（4）土方压实方法有碾压、夯实、振动压实及利用运土工具压实等。夯实采用连环套打法，夯迹双向套压，夯压夯 1/3，行压行 1/3；分段分片夯实时，夯迹搭压宽度大于 1/3 夯径。

（5）渠顶填筑高度应考虑沉陷，一般可预加 5% 的沉陷量；堤顶应做成坡度为 2% ~ 5% 的坡面，以利排水。

（6）遇雨天填筑时，土方填筑作业面利用雨布覆盖。

（7）在填筑铺料过程中，对填筑高程进行严格控制，防止铺料过厚或欠铺，每层土铺筑前由测量人员用水准仪或是全站仪在回填作业面合适的位置打控制桩，用以控制铺土厚度。

（8）每层土施工完毕后，在压实段有代表性的部位使用核子密度仪（结合环刀法）检测其压实质量，在土料压实密度、含水率检测达到设计要求并经监理机构检验认可后，方可继续填铺下一层新土。

（二）管道施工

管道施工步骤如下：

（1）测量放线。

（2）管沟土方开挖。沟槽开挖的位置、基底标高、尺寸等应符合设计图纸要求。

（3）管道安装。

（4）管沟土方回填。管道覆盖前，必须进行加压通水试验，在管道无渗漏且符合设计要求时方可进行覆土回填。

（5）管道试压。试压管道的长度不宜大于 1 千米。

（6）管网冲洗。管网冲洗的含沙量必须符合规定。

（三）建筑物工程施工

建筑物工程施工内容包括测量放线，建筑物基坑开挖与回填，混凝土、砌石、机电与金属结构安装等。

（1）测量放线。在建筑物基坑开挖前，首先根据建筑物轴线位置进行测量放线，以渠道中心线为控制轴线，在 100 米长度范围内设置基坑和开挖线控制点，现场划定土方开挖线的四至范围。

（2）建筑物土方开挖。场地清理，机械施工，人工清槽，预留 30 厘米厚余量，确保不扰动建筑基础面以下原状土。开挖深度小于 1 米时，不考虑放坡，两侧各预留 20 厘米的工作面宽度；开挖深度大于 1 米时应采取放大边坡或支护措施。

（3）建筑物土方填筑。

（4）建筑物混凝土、砌石、机电与金属结构安装。

（四）混凝土工程施工

混凝土工程施工内容包括原材料检验及储存、拌制与运输、浇筑、养护等，施工程序和要求如下：

（1）原材料检验及储存：原材料包括水泥、骨料、水、外加剂。水泥出厂超过 3 个月的，应在使用前对其质量进行复验。粗骨料最大颗粒粒径不得超过构件截面最小尺寸的 1/4。

（2）拌制与运输：包括设计配合比，混凝土拌制和运输。为保证拌和物充分拌和，拌和时间不少于 3 分。运输时间在夏季一般不超过 30 分，春季不超过 45 分，冬季不超过 60 分。

（3）混凝土浇筑。

（4）混凝土养护。使用普通硅酸盐水泥的混凝土，其养护时间不得少于 14 天。

（五）砌石工程施工

砌石工程施工包括选料、基础清理、制砂浆、砌筑、勾缝、养护等。

（1）选料：浆砌石料要求质地新鲜、坚硬、表面清洁、上下面大致平整，无风化剥落或裂纹的石块，厚度 20 ~ 30 厘米；石料物理力学指标应符合设计要求；砌筑砂浆应采用质地坚硬、清洁的河沙或人工沙，粒径为 0.25 ~ 10 毫米，细度模数为 2.5 ~ 3.0；水泥可采用普通硅酸盐水泥，质量合格。

（2）基础清理：在砌筑之前，对土质基础应先将杂物清理干净，然后进行夯实，并在基础面上铺一层 3 ~ 5 厘米厚的稠砂浆；对于岩石基面，应先将表面已松散的岩石去除，具有光滑表面的岩石须进行人工凿毛，并清除所有岩屑、碎片、沙、泥等杂物，并洒水湿润。

（3）制砂浆：机械拌和时间不少于 2～3 分。

（4）砌筑：坐浆法错缝砌筑，每层铺浆厚度宜为 3～5 厘米。

（5）勾缝。

（6）养护。

（六）机电设备安装工程施工

安装前应查验闸门和机电设备的出厂证明、合格证等原材料，复查规格尺寸是否满足设计要求，制造误差是否在允许偏差范围内。

安装应采用机械起吊，确保起吊中心线找正，其纵、横中心线偏差不超过 ±5 毫米，高程偏差不超过 ±5 毫米，水平偏差不应大于规格尺寸的 0.05%。

安装完成后应进行设备调试，保证各项性能符合规范要求；调试完成后，进行闸门及其启闭机的运行试验。

闸门和启闭机调试前必须清除门叶上和门槽内所有杂物，并检查吊杆的连接情况；闸门就位后，应用灯光或其他方法检查止水橡皮的压紧程度；启闭机所有机械部件、连接部件应符合要求，螺杆的固定应牢固，用手动转动各机构，不应有卡阻现象。

启闭机在安装检查完毕后，在不与闸门连接的情况下，进行启闭机空载运行，检查各传动机构的安装正确性；在闸门承受设计水头的情况下，做闸门开启和关闭试验，试验的记录都作为安装验收依据。

三、田间道路工程施工

（一）路基施工

（1）首先对路基基础和取土区进行清理，清除地表植被、杂物、淤泥和表土。

（2）清基完成后，对地基表面进行碾压，并做好路基排水。

（3）进行路基材料填筑，同一水平层路基应采用同一种填料，不得混填，填筑摊铺厚度不应大于 30 厘米。

（4）路基横向加宽施工时，路基接合部开挖成台阶，台阶宽度不小于 1 米，向内倾坡。填方分几个工作面时，纵向接头部位按 1 ∶ 1 坡度分层为台阶。

（5）对外运土筑基，应对取土场土料含水率进行检测，含水率大时应翻晒，含水率过小时可洒水，应控制在最佳含水率下进行运土填筑碾压，压实系数 0.95。

（6）进行摊铺、整平、碾压，利用推土机摊铺，平地机进行整平，压路机进行碾压，路拱控制在 1.5% ~ 2.0%。

（7）当遇到软土路基时，路基填筑前应对软土路段地基进行处理，一般常用换填、抛石挤淤或设置沙垫层的方法进行基础处理。

（二）混凝土路面施工

（1）施工前应对路面基层压实度、平整度、高程、横坡、宽度等进行检查。

（2）混凝土振捣先用插入式振捣器沿横断面连续密实振捣，并防止边界处欠振和漏振；再用平板振捣器纵横交错全面振捣两遍，全面提浆振实；振捣时应重叠 10 ~ 20 厘米，然后用振捣梁振捣拖平，保证 3 ~ 5 厘米的表面砂浆厚度。

（3）混凝土抹面、压实、修整时应清边整缝，清除黏浆，修补掉边、缺角；振捣梁平整后，用 60 ~ 70 厘米长的抹子采用揉压方法将混凝土板表面挤紧压实，压出水泥浆，至板面平整，砂浆均匀一致，一般抹 3 ~ 5 次。

（4）对混凝土路面切缝、清缝、灌缝。当采用切缝法设置伸缩缝时，采用混凝土切缝机进行切割，切缝宽度控制在 4 ~ 6 毫米，应防止切缝水渗入基层和土基。

（5）灌入式填缝，灌注填缝料必须在缝槽干燥状态下进行，填缝料应与混凝土缝壁黏附紧密不渗水，填缝料的灌注深度宜为 30 ~ 40 毫米，灌注高度与板面平或稍低于板面。

（三）泥结碎石路面施工

（1）泥结碎石路面施工时，泥结碎石铺装分上、下两层，面层为 10 厘米，下层为 10 厘米。

（2）泥结碎石路面下层施工，在压实的路基上用拌和法按松散铺厚度（压实厚度的 1.2 倍）摊铺碎石，要求碎石大小颗粒均匀，厚度一致；碎石铺好后，将规定的用量土，均匀地摊铺在碎石层顶上，然后拌和，拌和 1 遍后，随拌随洒水，一般翻拌 3 ~ 4 遍，以黏土成浆与碎石黏结在一起为止；用 10 ~ 12 吨压路机碾压 3 ~ 4 遍，直至石料无松动。

（3）泥结碎石面层施工方法与下层基本相同，当黏土浆与碎石黏结在一起后，用平地机械或铁锹等工具将路面整平，再用 12 吨压路机洒水碾压，使泥浆上冒，表层石缝中有 1 层泥浆即停止碾压。过几小时后，用 15 吨压路机收浆碾压 1 遍后撒嵌缝石屑，再碾压 2 遍。

（4）施工质量要求：泥结碎石表面应平整、坚实，不得有松散等现象。用压路机碾压后，不得有明显的轮胎痕迹。面层与其他构筑物接顺，不得有积水现象。施工完的路面外观尺寸允许偏差应符合有关规范要求。

四、农田防护林工程施工

（一）整地

造林前一年秋季整地。选择健壮的苗木，造林前将苗木渗泡 48 ~ 72 小时后运到造林地进行种植。树穴的形状以正方形或圆形为主，坑的宽度和深度不小于 60 厘米，将表土与农家肥 20 ~ 30 千克混合施到坑内，为栽植做好准备。

（二）栽植

先将树苗放入树穴内，竖直看齐后，垫少量土固定树苗，随后填土至树穴一半，将树苗四周的松土踏实，然后再继续用土填满树穴并踏实。树苗栽植时间不能拉得太长，苗木挖出后及时运输到栽植区定植，对来不及运输和栽植的苗木就地假植，不能过夜，假植时间不超过 3 天。栽后及时灌头水，要求栽后不过夜灌足头水，并覆膜以提高地温，隔 10 天后再浇水一次。适时松土、锄草，可促进苗根恢复活性，保证苗木成活。

（三）抚育

幼林抚育的主要任务是松土、锄草、灌溉、施肥、幼树管护、补植等，满足幼树对水、肥的需求，达到较高的成活率和保存率，以期尽早郁闭，尽快发挥效益。时间设定为3年，其主要任务是通过植树行间和行内的锄草、松土，促使幼林正常生长和及早郁闭。

五、施工成果资料

施工单位应该在工程建设中形成如下成果资料：

（1）开工资料（包括施工组织设计）。

（2）质量评定资料。

（3）工程计量与技术签证。

（4）结算书。

（5）施工月报。

（6）施工日志。

（7）施工总结报告。

（8）质检报告及设备合格证明。包括：①管材；②水泵及配电等设备；③水泥、石子、沙、混凝土试块；④路基压实度检测；⑤肥料合格证、检验报告及发票；⑥软体集雨窖。

（9）施工影像资料。

第二节 项目工程监理

高标准农田建设项目实行工程建设监理制，是高标准农田建设项目质量控制的重要手段，受建设单位委托，对施工的全过程实施监理制，采用“专业监理＋群众代表”联合监督的办法，特别是隐蔽工程施工过程、原料设备进场过程、抽查检验过程、工程质量评定过程等，全程接受群众和社会监督，也是高标准农田建设项目管理的重要组成部分，是高标准农田建设项目建设依法规范管理、精细管理的一项重要手段。

一、监理工作的主要内容

监理单位的主要工作内容是对项目的质量、造价、进度三大指标进行控制；对合同、信息、安全生产进行管理；对参建各方进行组织协调，使各方主体有机结合，协同一致，促进目标实现。

二、监理单位的确定及监理合同签订

依据有关规定，通过招标确定。2018 年 3 月 27 日，国家发展和改革委员会发布了《必须招标的工程项目规定》，明确勘察、设计、监理等服务的采购，单项合同估算价在 100 万元以上必须招标。

审查监理单位的业绩及总监理工程师的个人业绩及能力，工作经验很重要。

监理合同模板参照《建设工程监理合同（示范文本）》（GF-2018-0202）签订。

三、组建项目监理部

由总监理工程师 1 名，监理工程师、监理员若干名组成。监理公司要出具总监理工程师任命证书。

四、施工准备阶段监理工作

（一）收集材料（甲方提供）

材料包括：①设计文件及图纸；②项目批复文件；③招标投标文件；④施工合同。

（二）设计交底和图纸会审

业主主持，设计、施工、监理单位参加，对项目设计及图纸存在的问题提出书面意见，形成设计交底纪要。

（三）编写监理规划

监理规划介绍监理工程范围、监理内容、监理目标、监理依据、监理组织、质量控制、造价控制、进度控制、安全管理、合同与信息管理、工作制度等。

（四）编写监理实施细则

监理实施细则介绍专业特点、监理工作流程、监理控制要点及目标、监理工作的方法及措施。

（五）审查施工组织设计（施工方案）

（1）质量管理体系、安全保障体系是否健全。

（2）施工方法是否可行。

（3）工期安排是否满足合同要求。

（4）人员组成是否满足施工专业要求。

（六）检查开工条件

开工条件要满足：①人员设备进场；②测量基准点移交；③提交开工报告；④收集开工前的原始影像资料等。条件全部满足后，下达开工令。做到人力、材料、机具设备准备不足时不准开工，未经检验认可的材料不准进场，未经批准的施工工艺和程序不准采用。

五、施工过程中的质量控制

监理机构在工程质量控制过程中应遵循的原则：①坚持质量第一的原则；②坚持预防为主的原则；③坚持以人为核心的原则；④以合同为依据，坚持质量标准的原则；⑤坚持科学、公正、守法的职业道德规范。

质量控制的内容：①审查施工单位用于工程的材料、构配件、设备的质量证明文件，并按要求对工程的材料进行见证取样，进行平行检验；②采用旁站、巡视、平行检验等方式对施工过程进行检验监督，对关键部位或关键工序必须进行旁站监理；③对隐蔽工程、单元工程、分部工程、单位工程进行验收，严格做到事前检查、事中监督、事后验收，上道工序验收不合格，不能进行下道工序。

高标准农田建设项目常规检测主要包括以下几个方面：①混凝土工程，水泥、石子、沙检验报告，混凝土配合比报告，试块强度检验；②道路路基土壤压实，有击实试验报告、干密度测试报告；③管材，有质量检验报告，平行检验有见证取样及检验报告；④设备，有出厂检验合格证；⑤肥料，有检验报告及发票。

六、单项工程监理要求

（一）土地平整工程

1. 一般土地平整工程　该工程应有 11 道工序：①对田间收获后的秸秆作物实行秸秆还田；②划定田块；③测量放线；④制订格

局框架；⑤打桩复测；⑥平衡工程量；⑦剔取阳土；⑧超挖低填；⑨阳土回填；⑩耙耱平整；⑪ 修筑田埂。

监理应把住田块平整度、活土层厚度和田埂规格 3 道关。

2. 客土覆盖工程　该工程有 9 道工序：①秸秆还田；②田块划定；③测量放线；④核实工程量，并进行土方平衡；⑤确定各特征点的设计高程；⑥拉运客土；⑦平整客土；⑧校核拉运客土量及平整度；⑨整理地边修筑田埂。

监理应把住拉运客土量的核实、田块平整度和田埂规格 3 道关。

（二）打井配套

机井在土地整理工程中是一项关键工程，工程完成后项目区的效益能否很好地发挥主要在井，群众满意不满意也在井。土地整理工程中，最受群众欢迎的就是打井配套工程，因此在施工中要引起高度重视。

打井配套有 12 道工序：①办理取水许可证；②测定井位；③开钻施工；④成井扩孔；⑤内测井孔；⑥分层下管；⑦回填滤料；⑧洗井；⑨抽水试验；⑩合理配泵；⑪ 整理成井资料；⑫ 竣工验收。

监理的重点是把好开钻、下井壁管、填滤料、洗井抽水和配套安装 5 道旁站关。

在施工中监理要掌握住 3 点：①机井的出水量要达到设计要求；②所配套的机具及材料必须有合格证件和保修说明书；③井台、井房建造的质量标准要符合设计要求和施工程序要求。同时，还要注意施工安全，重点是立井架、下井管、焊管、拆架等工序，操作时一定要有严格的制度和安全措施，保证安全施工，特别注意防止异物掉入井内。完工后要对开挖的泥浆坑进行整理，恢复原状，确保周围环境不受影响。

（三）管灌节水工程

1. 管灌节水工程　该工程有10道工序：①方田规划；②测量放线；③开挖管沟；④验沟、验管；⑤放管；⑥安装管道及给水栓；⑦试水；⑧回填；⑨安装消力池；⑩竣工验收。

2. 管灌工程材料质量要求　管灌工程所需的管材、管件、规格尺寸、抗压强度等指标必须符合设计要求。若采用聚氯乙烯管，要具有检验合格证、性能检测报告等有效证件。

监理工程师要不断地检查管材、管件的颜色是否一致，内外表面是否光滑、平整、清洁，有无凹陷、气泡及划伤。

监理要把住验沟、验管、试水3道旁站关。

（四）混凝土工程

混凝土工程施工有6道工序：①清除表面杂物后，在符合浇筑混凝土的基面上支模；②混凝土拌和；③混凝土浇筑；④混凝土捣实；⑤拆模整修；⑥混凝土养护。

混凝土工程施工中要注意5点：①搅拌机配合比要符合要求；②少量混凝土人工拌和，要有拌制场地，至少在铁板上进行，不允许在土地上拌和混凝土和砂浆；③搅拌机出仓混凝土运距，必须符合规定，不能有离析现象；④混凝土浇筑应保证连续作业，如因故中止，时间超过允许间歇时间，要按施工缝进行处理；⑤混凝土要注意养护，最好采用塑料布覆盖，使其表面保持湿润状态直至养护期满。

监理要把住拌和、浇筑、捣实3道旁站关。

（五）U 形渠工程

U 形渠工程施工有 9 道工序：①施工放线；②确定走向（断面及建筑物的外轮廓线）；③确定纵坡测量高程；④渠线顺直，土模回填密实、均匀（压实度不小于 0.93）；⑤开挖土模复测底部高程；⑥标准 U 形断面模板检查、修正土槽；⑦如果是预制 U 形混凝土渠进行安装，周边要用沙回填，如果现浇可按混凝土工程质量要求实施；⑧灌注伸缩缝、压实抹光；⑨混凝土养护，时间不得小于 14 天。

总之，在 U 形渠道衬砌施工过程中，概括起来要做到“一严、二准、三快、四干净”的要求，即①一严：严格按照要求进行认真施工；②二准：配料要准确，各工序操作要准确；③三快：拌和、运输、浇捣速度都要快；④四干净：材料、机具、模板、施工现场保持干净。

（六）输电线路工程

输电线路工程，原则上要求有资质的专业技术人员组织实施（包括乡镇供电所专业技术人员）。要求按设计规划的线路和电业部门的施工规范施工。

工程监理人员要检查以下 4 点：①所用的电杆（高压和低压）高度必须符合设计要求，并有合格产品证件；②电线（高压和低压）必须是正规厂家的产品，证件齐全；③变压器和配电器材，必须在正规厂家购置，有合格证，有三保单；④如果低压线采用地埋施工，要求埋深程度和线路走向必须符合电业部门规范。

（七）机耕路硬化工程

各县、市因地形和硬化材料的差异，在施工要求和程序上有所不同。除在设计中有特殊要求外，一般情况下有15道工序：①测量放线；②清障清基；③推平碾压；④挖路边排水沟；⑤刮路机刮平；⑥压路机压实；⑦铺拌和的沙石土料；⑧推土机推平；⑨压路机压实；⑩铺细石料（豆粒石）；⑪人工推平整理；⑫压路机再压实；⑬埋路沿拐角石；⑭全面整理；⑮竣工验收。

每道工序中，含水率必须适宜，含水率差时必须洒水。监理要把住清基、压实度抽验、上骨料3道旁站关。

（八）生态环境保护防护林工程

防护林工程有11道工序：①按照设计规划的株距、行距进行放线；②挖坑；③验坑验苗；④整修苗木；⑤发放树苗；⑥栽植（三点一线）；⑦浇水；⑧稳树；⑨整理树坑；⑩涂白；⑪竣工验收。

在施工质量上监理人员要把住8道关：①检验坑的断面尺寸是否符合设计要求，坑底活土层要保持20厘米；②验株距、行距是否合乎设计尺寸；③检验是否有苗木检疫证（本地苗木可以不要）；④检验苗木胸径、高度是否符合要求规格；⑤要求栽前苗木进行修剪；⑥检验栽植方法，一般采用“三埋两踩一提苗”和检验行距的顺直；⑦检验栽后浇水是否及时；⑧检验是否落实管理责任人。

监理工程师重点是要把住验坑、验苗、栽植和浇水4道旁站关。

七、质量验收

单元工程验收，施工单位自检，要求自检合格，自检资料完善，报监理认证，有照片。隐蔽工程经监理验收合格后方可进行下道工序。监理组织分部工程、单位工程验收。建设单位组织自验。项目批复单位组织竣工验收。

八、计量与支付

对已完工工程验收合格后进行工程计量与技术签证，按合同约定进行工程款支付。

九、竣工结算

施工单位完成全部合同内容，经验收合格，向监理机构提交竣工结算表，监理进行审核。

十、安全生产监督管理

（一）安全管理原则

坚持“以人为本，安全第一，预防为主”的方针，遵循“谁主管，谁负责”的原则。总监理工程师对安全生产监督管理负总责。

（二）主要工作

审查施工单位安全生产许可证，特种作业人员合格证和操作资格证书。审查施工单位安全生产保证体系、安全生产责任制等规章制度。复查施工机械及设施的安全许可手续。审查施工方案中的安全技术措施。巡视检查，发现安全隐患，下达整改通知。检查安全标志及防护措施是否符合编制标准。

十一、监理成果资料

建设工程监理合同及其他合同文件。监督规划、监理实施细则。设计交底和图纸会审会议纪要。施工组织设计，（专项）施工方案，施工进度计划报审资料。总监理工程师任命书、监理通知单，来往函件。工程材料、构配件、设备报验文件资料，见证取样和平行检验文件资料。工程质量检查报验资料及工程有关验收资料，包括隐蔽工程验收资料。工程变更资料。质量缺陷与事故处理资料。监理月报，监理日志，旁站、巡视记录。第一次工地会议、监理会议、专题会议纪要。监理工作总结报告。工程计量、工程款支付文件资料。影像资料。

第三节 资金管理

一、资金使用管理

（一）基础工作

1. 会计科目的设置　高标准农田建设项目进行核算时，应设置“建筑安装工程投资”“设备投资”“待摊投资”“其他投资”“待核销基建支出”“基建转出投资”等明细科目，并按照具体项目进行明细核算。

在项目竣工验收交付使用时，按照转出的项目支出的成本，借记基建转出投资，贷记建筑安装工程投资、设备投资等；同时，借记无偿调拨净资产，贷记基建转出投资；再借记累计盈余，贷记无偿调拨净资产。

在验收的时候，项目建设单位必须提供原始大账（可将原始凭证进行复印以备验收查看）。

2. 待核销基建支出　项目发生的部分工程措施和农艺措施不能形成固定资产的支出，包括平田整地、田畦整治、坡地改造、修筑土埂、开挖临时性小型沟渠、土壤改良、培肥地力等不能形成资产的支出，以及项目未被批准、项目取消和项目报废前已发生的支出。

土壤改良和培肥地力措施具体包括客土改良、加厚耕作层、秸秆还田、测土配方施肥，施用抗旱保水剂、硫酸亚铁、精制有机肥或畜禽肥、种植绿肥等。

耕地质量调查监测评价相关费用自 2021 年起从项目建设资金科技措施费中依据工作量合理列支。

（二）项目管理费

项目管理费由建设单位使用，在初步设计预算阶段，财政投入资金 1 500 万元以下的按不高于 3%提取；超过 1 500 万元的，其超过部分按不高于 1%提取。

项目管理费主要用于农田建设项目项目评审、实地考察、检查验收（含工程复核费、工程验收费、项目决算编制与审计费、治理后土地的重估与登记费）、工程实施监管、绩效评价、资金和项目公示（标识设定费）等管理方面的支出。

省级、设区的市级农业农村主管部门用于农田建设项目管理的经费应由本级财政预算安排，不得在此项目管理费中列支。

（三）其他费用

其他费用包括高标准农田建设项目的前期工作费（工程勘测费、

设计与预算编制费、项目招标费）、工程监理费、不可预见费。具体费用的提取方法按2011年12月财政部、国土资源部制定的《土地开发整理项目预算编制规定》执行。

竣工验收费有关内容按照财政、农业农村部《农田建设补助资金管理办法》（财农〔2019〕46号），在项目管理费中据实列支。

高标准农田建设不得提取拆迁补偿费。

（1）前期工作费：按原国土部门土地开发整理项目预算定额标准计算。

（2）项目勘测费：以工程施工费为计费基础，工程施工费×费率（≤1.5%），计算公式为：项目勘测费=工程施工费×费率（≤1.5%）。

（3）项目设计与预算编制费以工程施工费与设备购置费之和为计费基数，采用分档定额计费方式计算，各区间按内插法确定。

（4）项目招标代理费以工程施工费与设备购置费之和为计费基数，采用差额定率累进法计算。

（5）工程监理费：按原国土部门土地开发整理项目预算定额标准计算，并采用新的监理管理办法："专业监理+群众代表"联合监督，监理范围内容要求全过程、全时段、全覆盖。以工程施工费与设备购置费之和为计费基数，采用分档定额计费方式计算，各区间按内插法计算。

（6）不可预见费：不可预见费按不超过工程施工费、设备购置费和其他费用之和的3%计算。计算公式为：不可预见费=（工程施工费+设备购置费+其他费用）×费率（≤3%）。

（四）加强资金使用管理

重视高标准农田项目资金的使用和管理，切实加强与财政、审计部门沟通协调，制订高标准农田建设资金支付方案，明确时间节点，落实具体责任，切实提升项目资金使用效率。

加快项目资金支付进度，严格按照合同约定和项目进度及时支付工程款。支付和工程进度不匹配时，反映前期工作、基础工作不扎实，审批环节和项目推进环节滞后的，要专项督办。

对尚未开工的项目，要查找具体原因，提出针对性解决办法，尽快开工；对开工或在建的项目，要加快实施进度；对完工项目，要及时组织相关部门进行验收，尽快办理竣工工程结算、财务决算。

项目实施应当严格按照年度实施计划和初步设计批复执行，不得擅自调整或终止。因客观原因确需调整的，要按照因地制宜、实事求是，通盘考虑、一步到位，任务不减、标准不降的原则进行，并按规定权限和程序申报审批。

严格执行《中华人民共和国预算法》和各项财经纪律，认真落实财政部和省级有关部门关于预算管理的各项规定，在确保各项支出依法、合规、有效的前提下抓好预算支出执行进度，严禁不讲效益“突击花钱”，严禁违规开支“随意花钱”，严禁虚列支出、以拨代支、虚报数据等违法违纪行为。

二、进度款的支付流程

（一）施工单位上报资料

施工单位上报工程款支付申请表（后附工程计量报验单、工程变更资料、工程量清单及已完工预算书）及其他资料，如影像资料、图片等进度证明资料。相关表格均需合同约定的施工代表签字，施工单位盖章。

（二）监理单位审核

监理单位依据施工合同对施工方提交的进度付款资料进行审核，编制审查说明，提出审核意见，如达到付款节点，签发工程款支付证书，并由总监理工程师签署意见，加盖监理单位公章。将工程款支付证书原件与施工单位的付款资料一起提交给建设单位。

（三）建设单位审批

建设单位项目负责人对监理单位、施工单位上报的工程进度、工程量、工程预算进行审查，在工程款支付证书上签署审查意见，对涉及工程扣款、质量缺陷、罚款等的要进行说明。如达到付款节点，签发工程款支付审批单，按照建设单位内控流程进行审批付款。

三、工程进度款的审核与管理

在工程施工过程中，工程进度款的支付由工程进度来决定，由于工程进度受多种因素的影响，可能导致脱离预期目标，会影响到工程进度款的正常支付，因此有必要做好工程进度款的审核与管理工作，发挥其保障工程施工顺利进行的作用。

工程进度款的审核与管理是一项非常复杂的工作，它涉及技术、管理、法律等各方面综合的知识与技能，需要做好前、中、后的全过程管理和全方位管理，要采取动态管理的方式方法，合理控制施工阶段的进度款支付，这样才能为工程施工的进度和质量提供经济保障，使工程投资效益最大化。

审核工程量是工程进度款管理非常关键的工作。一般在审核合同范围内的工程量时，工程师需熟悉设计文件和工程合同、施工组织设计及施工方案、涉及工程计量的往来文件等，严格遵守工程量计算规则，对超出设计图纸范围、未按合同约定、超出方案的工程量不予计量，同时要做好过程记录，对质量审核、问题解决情况、进度影响因素、遗留问题等做好记录。针对变更设计和现场签证的审核，需要满足相关规定要求，不计未生效的变更和签证内容，计算和核实好工程量，并及时书面记录变更、签证情况。

在做好工程量审核的基础上，还需要做好以下工作：①做好实物计量工作，严格审核工程量变更情况。由于对工程量数据掌握不准确会增加进度款审核管理的难度，因此要派专人做好现场记录，保证随做随签，以免进度款支付出现差错。②深入现场，及时、全面、准确地了解施工进度和现场情况，发现疑问要予以复查核实确认，必要时要照相及摄像，避免出现争议后没有解决问题的依据。③审核工程签证时双方易出现分歧，因此要注意审查签证手续是否齐全、签字是否有效等细节情况，避免计算错误。④整理好相关资料，包括设计变更、往来函件、会议纪要等，尤其要做好隐蔽工程原始凭证的整理，以这些资料为依据进行费用计算。

四、加强结余资金管理

结余资金是指项目竣工结余的建设资金，应根据上级主管部门有关规定进行处置。如山西省财政厅晋财建〔2015〕157号文件规定，自2015年9月14日起，项目竣工后如有结余，按照项目资金来源属于财政资金的部分，应当在项目竣工验收合格后3个月内，按照预算管理制度有关规定收回财政。

第四节
竣工决算

为了简化工程管理程序，提高管理效能，建议高标准农田建设项目实行田间工程跟踪复核（田间工程审核）的办法，把控工程质量，加快工程款拨付进度，实现设计单位、施工单位、监理单位、复核单位和建设单位等五方同步。建设单位从外业施工起，规范委托有资质的测量造价咨询机构对田间工程的“质和量”进行审核，复核结论待建设单位确认后进行资金拨付，整体完工后复核合格即可开展财务决算。

一、田间工程审核报告

（一）基本情况

田间工程基本情况包括项目概况、建设地点、审核的内容、设计单位、监理单位、施工单位、招标代理机构、开工竣工日。

（二）工程概况

具体施工地点和工程内容、规模。

（三）审核的依据

审核的依据包括造价审核的法律、规范、定额标准、价格依据、招标投标文件、施工合同、施工图、送审的工程结算书、竣工图、实际工程量的计算及确定依据等。

（四）审核的程序

造价咨询机构应有规范、严谨的审核程序，其中必须有“施工现场实地考察，工程量全面核实”的审核程序。

（五）审核的结果

说明送审情况、核增核减情况、审定结果、核增核减的主要原因、审定结果与合同约定内容的差异分析等。

（六）附件

附件包括：①工程造价咨询审核定案表。②结算审核对比表。一份工程结算书一份对比表，将送审的工程结算书逐条逐项检查，分析核增核减原因，核定、细化施工标准。③审定后的结算书。每份工程结算书都必须有结算总值汇总表，且工程量和价值应细化到村。

二、竣工财务决算

（一）竣工财务决算基本原则

工程竣工结算必须在各单项工程已经过设计单位、施工单位、监理单位和建设单位等四方验收合格后方能进行。对于未完工程或质量验收不合格者，一律不得办理竣工结算。

工程竣工结算的双方，应按照国家颁发的各项造价文件及相关的法律法规执行。一定要坚持实事求是的态度，在公平合理的前提下完成。严格按照合同条款，包括双方根据工程实际情况共同确认的补充条款。共同严格执行双方据以确定合同造价（包括综合单价、工料单价及取费标准和材料设备价格等）的计价方法，不得随意变更。

办理竣工结算，必须保证资料齐全，依据充分，保证竣工结算建立在事实基础上，防止走过场或虚构事实的情况发生。

（二）决算前准备

整理归集财务资料及其他相关档案，明确编制竣工财务决算的依据。财务资料包括批复文件，资金下达计划，记账凭证，原始凭证，账簿，合同，工程预、结算书，工程审核报告，有关财务核算制度、财务年度报表等资料。其他相关档案包括可行性研究报告，初步设计，实施方案，造价及招标投标资料，设计、施工、供货、监理等各项合同。

重点检查质保金发票是否入账，审定后的工程结算书是否入账。

认真、全面、彻底开展各项清理工作。盘点各类项目财产物资，对施工现场和库存设备、机具、材料物资逐项清点核实。清理债权债务，及时收回应收款，及时偿还应付款，按照合同约定合理保留质保金，做到账账、账证、账表、账实相符。

（三）决算时要求

在编制项目竣工财务决算时，按照基本建设财务规则的要求确认待核销基建支出、结转交付使用资产和转出投资。

1. 待核销基建支出　项目发生的部分工程措施和农艺措施不能形成固定资产的支出，包括平田整地、田畦整治、坡地改造、修筑土埂、开挖临时性小型沟渠、土壤改良、培肥地力等不能形成资产的支出，以及项目未被批准、项目取消和项目报废前已发生的支出。土壤改良和培肥地力具体措施包括客土改良、加厚耕作层、秸秆还田、测土配方施肥，施用抗旱保水剂、硫酸亚铁、精制有机肥或畜禽肥，种植绿肥等。

2. 交付使用资产　形成资产产权归属本单位的，计入交付使用资产价值。

3. 转出投资　形成资产产权不归属本单位的，归属其他单位的，作为转出投资处理。界定项目是属于交付使用资产还是转出投资，主要是以产权是否转移为依据。

4. 待摊投资的摊销　项目建设单位应当按照规定将待摊投资支

出按合理比例分摊计入交付使用资产价值、转出投资价值和待核销基建支出。

（四）竣工财务决算报告

竣工财务决算报告包括以下几部分：

（1）项目概况。原文引用批复文件的内容。

（2）项目建设管理制度执行情况、政府采购情况、合同履行情况、会计账务处理情况。

（3）项目建设资金计划及到位情况，财政资金支出预算、投资计划及到位情况，明确在决算截止日（× 年 × 月 × 日），是否足额到位。

（4）项目建设资金使用情况。明确在决算截止日（× 年 × 月 × 日），资金的支付方式、支付方向、金额，发票是否足额开具，有无留质保金。

（5）项目投资完成情况，概（预）算执行情况及分析，竣工实际完成投资与概算差异及原因分析；预备费动用情况。

（6）项目账面资金结转情况，包括结余资金和应付账款情况，财产物资清理及债权债务的清偿情况。

（7）收尾工程情况。

（8）历次审计、检查、审核、稽查意见及整改落实情况。

（9）主要技术经济指标的分析、计算情况。

（10）项目管理经验、主要问题和建议。

（11）征地拆迁补偿情况、移民安置情况。

（12）需说明的其他事项。

（13）附件。竣工财务决算报表、投资完成情况对照表。

第五节 档案资料管理

高标准农田建设档案管理主要包括数据库管理及文件资料管理两部分。

一、数据库管理

数据库管理要求各县（市、区）登录全国农田建设综合监测监管平台，及时对项目信息进行录入，内容主要包括申报审批、组织实施、竣工验收 3 个方面。其中，申报审批包括项目申报、立项批复和实施计划批复；组织实施包括开工令信息、进度报告、竣工信息。

二、文件资料管理

文件资料管理按照项目实施阶段可以分为：立项审批阶段资料、项目实施阶段资料、项目验收阶段资料。

（一）立项审批阶段资料

立项审批阶段资料应包括立项审批阶段省、市相关文件，项目县进行立项选址，编制初步设计以及评审批复全过程资料。包括省级主管部门下达资金及任务文件，土地利用现状图、不重复建设证明、取水许可、环保备案、一事一议会议纪要、项目区农户清册，设计单位招标投标及公示资料，初步设计文本、预算、图纸，评审资料，批复文件等。

（二）项目实施阶段资料

1. 招标投标资料　项目县应该在招标工作完成后要求招标代理单位提供完整的招标投标材料，主要包括招标代理单位资质及签订合同、投标单位相关资料、招标投标的书面总结报告、中标通知书及合同。

2. 施工资料　施工资料主要包括施工组织设计，施工日志（要有施工时间、施工地点、施工内容、施工人员、施工机械、施工量等内容），单元、分部、单项工程质量评定，全部工程竣工总结，工程结算书及工程竣工图等。

3. 监理资料　监理资料主要包括监理规划，监理日志，单元、分部、单位工程检验报告单，材料检验报告单，设备合格证明书，隐蔽工程检验记录，试验（试水、出水等）记录，监理报告。

4. 合同资料　项目实施阶段全部合同。

5. 影像资料　影像资料应该包括项目从立项到验收全过程，包括重大会议、外业及内业管理、单项工程、公示等内容。其中，单项工程需要拍摄在固定参照物下，施工前、中、后三个环节对比照片，特别要展示施工过程及隐蔽工程的照片，并附说明（时间、地点、事件三要素），工程总结汇报片（影像或PPT）。

6. 财务资料　财务资料包括批复文件，资金下达计划，记账凭证，原始凭证，账簿，合同，工程预、结算书，工程审核报告，有关财务核算制度，财务年度报表等资料。

7. 其他资料　实施阶段资料还应包括：项目农户情况调查与实施效果评价表，项目形成的固定资产清册，管护协议，固定资产管理使用办法以及用户评价，农艺机械作业和农资物质发放农户签字清册（要受益农民身份证、本人签字、手印三要素齐全），项目建设大事记，项目建设重要事项会议记录资料，耕地质量评价报告等。

（三）项目验收阶段资料

1. 单项工程验收报告

2. 田间工程审核报告　施工单位做竣工结算之后，项目建设单位支付最后一笔工程进度款之前，由项目建设单位委托工程造价咨询机构，经过审核有关资料和实地查验之后，出具审核报告，应包括基本情况、工程概况、审核的依据、审核的程序、审核的结果、附件等六部分内容。

3. 财务决算报告　包括：①项目概况。②资金到位情况。明确决算截止日（× 年 × 月 × 日），资金到位情况，是否足额到位。

③资金使用情况。明确决算截止日（×年×月×日），资金的支付方式、支付方向、金额，发票是否足额开具，有无留质保金。④投资完成情况。包括投资完成情况，确认形成的资产，与资金计划的对照分析情况（后附对照表，分析增减原因）。⑤账面结转资金及待支资金分配的情况，债权债务情况。⑥资金管理及会计账务的处理情况。⑦其他需说明的事项。⑧附件，包括竣工财务决算报表、投资完成情况对照表。

4. 审计报告　至少要做到“五个必须”：①必须是针对本项目竣工决算的专项审计报告；②必须进行必要的实地查看与核实等审计程序；③必须在报告中确认形成的资产价值；④必须明确在审计截止时间之日的账面资金数额，明确结余资金、结转资金，明确质保金和待支资金的方向和金额；⑤必须有明确的审计评价或结论。

5. 项目建设单位初验报告

6. 成果资料　包括：①项目工作报告；②项目勘测设计工作总结；③项目工程监理工作报告；④项目技术报告；⑤项目田间工程审核报告；⑥项目资金使用与竣工决算报告；⑦项目审计报告；⑧耕地质量评价报告；⑨项目建设单位初验报告（专家签字和工程质量完成情况描述）；⑩工程报备资料；⑪向批复单位提交验收申请等。以上报告应按照规定的格式写，并且应体现该项目的建设内容，具有唯一性，不能泛泛而谈、流于形式。

7. 项目验收合格文件和证书

三、工作报告编写提纲

工作报告应包含以下8个方面的内容：①前言。项目建设的目的、意义及由来、取得的主要成果概述。②项目区基本情况、农业生产中存在的问题。③项目建设内容及其完成情况。包括项目批复情况、建设情况及变更说明。④项目取得的主要成果。包括农田基础设施及农业生产条件改善、土壤理化性状变化及肥力提高、农业综合生产能力提高及农民科技素质提高等情况。⑤项目管理情况。包括组织管理、建设管理（履行法人制、招标投标制、公示制、工程监理制、合同制"五制"执行情况）、资金管理、技术管理、资产管理及档案管理等情况。⑥项目所产生的经济效益、生态效益、社会效益。⑦主要经验、问题及建议。⑧大事记。从项目立项到项目完成所有的组织技术活动。

四、技术报告编写提纲

技术报告应包含以下 8 个方面的内容：①主要技术内容概述。②主要技术规程或规范。③主要技术模式实施面积及其效果。包括改土培肥效果，增产增收效果，节水、节肥、节地效果，主要技术活动产生的影响，农民对新技术的了解、应用程度等。④主要技术指标计算方法。⑤主要技术数据采集分析表。⑥主要问题（包括技术和产品两个方面）。⑦主要技术应用前景。⑧有关附表。包括：项目区农户实施情况调查与评价表（不同技术模式的代表性农户）；不同示范观察点基本情况记录表（每个示范观察点填一张表）及不同示范观察点作物生长情况观察记录（常规管理和改良措施两个处理每一生长阶段生长情况、测产记录等）；实施前后土壤养分分析数据对比及测土配方施肥有关数据资料；土壤改良其他有关情况记录表。

第八章

高标准农田建设评价与验收

第一节 耕地质量等级评价

高标准农田建设评价是运用特定的标准和方法，对高标准农田建设过程、结果的全部特征和价值进行综合判断的过程。评价内容主要包括建设任务、建设质量、建设绩效、建设管理、社会影响以及综合评价等。相关评价工作可参照《高标准农田建设评价规范》（GB/T 33130—2016）及上级主管部门有关规定来开展，对竣工项目与耕地质量相关的指标进行测定，分析耕地质量影响因素，编制耕地质量等级调查评价报告。

一、基本概念

（一）耕地质量

耕地满足作物生长和安全生产的能力，包括耕地地力、土壤健康状况等自然形成的，投资田间基础设施建设形成的，以及由气候因素、土地利用水平等自然和社会经济因素所决定的满足农产品持续产出和质量安全的要求。

（二）耕地地力

在当前管理水平下，由土壤本身特性、自然背景条件和基础设施水平等要素综合构成的耕地生产能力。

（三）土壤健康状况

土壤作为一个动态生命系统具有的维持其功能的持续能力，用清洁程度、生物多样性表示。清洁程度反映了土壤受重金属、农药和农膜残留等有毒、有害物质影响的程度；生物多样性反映了土壤生命力丰富程度。

（四）高标准农田建设耕地质量评价

耕地质量评价内容应与工程质量评价相结合，对项目区土壤、水资源和环境的综合支撑能力提升等方面进行评价，判定项目建设对耕地质量等级起到的积极作用，为高标准农田建设全面评价提供技术支撑。常用的评价方法包括文字评述法、专家经验法（特尔菲法）、模糊综合评价法、层次分析法、指数和法等。

二、耕地质量评价工作要点

（一）点位布设

根据《山西省农业农村厅办公室关于加强高标准农田耕地质量调查检测评价工作的通知》（晋农办建发〔2021〕66号）要求，原有耕地平川区每1 000亩、山地丘陵区每500亩设立1个点位，新增耕地每20亩设立1个点位。点位样品收集要在取样区域采用“S”或“X”五点均匀混合定量确定，大田作物0~20厘米单点取样，蔬菜类经济作物0~30厘米单点取样，果类经济作物0~30厘米、30~60厘米同点位双层取样。上述点位布设必须进行GPS定位、编号，项目实施前后同点位分别取样送检。

（二）调查、采样和检测

对耕地质量监测点位的立地条件、土壤属性、农田基础设施和农业生产情况等进行调查。同时，采集监测点耕层土壤样品进行检测，内容包括：耕层厚度，土壤质地，土壤容重，土壤pH及有机质、全氮、有效磷、速效钾、缓效钾含量，盐碱耕地增加水溶性盐总量。检测方法按照《耕地质量监测技术规程》（NY/T 1119—2019）规定执行。耕地质量监测调查内容见表8-1~表8-4。土壤样品由各高标准农田建设承担单位自行检测或委托有资质的第三方检测机构、农业农村部创建的耕地质量标准化验室完成。

表 8-1　耕地质量监测点基本情况调查表

监测点代码：　　　　　　　　　　　　　　　　　　　　　监测年度：

<table>
<tr><td rowspan="22">基本情况</td><td colspan="3">省份</td><td colspan="2">地（市）</td><td colspan="2">县（区）</td></tr>
<tr><td colspan="3">福建</td><td colspan="2">莆田</td><td colspan="2"></td></tr>
<tr><td colspan="3">乡（镇）</td><td colspan="2">村</td><td colspan="2">农户（地块）</td></tr>
<tr><td colspan="3"></td><td colspan="2"></td><td colspan="2"></td></tr>
<tr><td colspan="3">邮政编码</td><td colspan="2">经度（°　′　″）</td><td colspan="2">纬度（　°　′　″）</td></tr>
<tr><td colspan="3"></td><td colspan="2"></td><td colspan="2"></td></tr>
<tr><td colspan="3">常年降水量（毫米）</td><td colspan="2">常年有效积温（C°　）</td><td colspan="2">常年无霜期（天）</td></tr>
<tr><td colspan="3"></td><td colspan="2"></td><td colspan="2"></td></tr>
<tr><td colspan="3">地形部位</td><td></td><td colspan="2">坡度（度）</td><td></td></tr>
<tr><td colspan="3">海拔高度（米）</td><td></td><td colspan="2">地下水位（米）</td><td></td></tr>
<tr><td colspan="3">障碍因素</td><td></td><td colspan="2">地力等级</td><td></td></tr>
<tr><td colspan="3">排灌能力</td><td colspan="4"></td></tr>
<tr><td colspan="3">种植制度</td><td colspan="4"></td></tr>
<tr><td colspan="3">产量水平（千克/亩）</td><td colspan="4"></td></tr>
<tr><td colspan="2" rowspan="2">施肥（千克/亩）</td><td>化肥</td><td colspan="4"></td></tr>
<tr><td>有机肥</td><td colspan="4"></td></tr>
<tr><td colspan="3">田块面积（亩）</td><td></td><td colspan="2">代表面积（万亩）</td><td></td></tr>
<tr><td colspan="3">土壤代码</td><td></td><td colspan="2">成土母质</td><td></td></tr>
<tr><td rowspan="4">土壤名称</td><td>土类</td><td></td><td colspan="4"></td></tr>
<tr><td>亚类</td><td></td><td colspan="4"></td></tr>
<tr><td>土属</td><td></td><td colspan="4"></td></tr>
<tr><td>土种</td><td></td><td colspan="4"></td></tr>
<tr><td>剖面照片</td><td colspan="7">拍摄时间：</td></tr>
<tr><td>景观照片</td><td colspan="7">拍摄时间：</td></tr>
</table>

填表日期：　　　　　　　　　　　　　　　　填表单位：

表 8-2 耕地质量监测点剖面记载与测试结果表

监测点代码：　　　　　　　　　　　　　　　　　　监测年度：

项目			发生层次				
层次代码							
土壤剖面记载	深度						
	颜色						
	结构						
	紧实度						
	植物根系						
	容重（克/厘米^3）						
	新生体	类别					
		形态					
		数量					
机械组成	＞2毫米						
	2～0.02毫米						
	0.02～0.002毫米						
	＜0.002毫米						
	质地命名						
化学性状测试值	有机质（%）						
	全氮（%）						
	全磷（%）						
	全钾（%）						
	pH						
	碳酸钙（%）						

填表时间：　　　　　　　　　　　　填表单位：

化验时间：　　　　　　　　　　　　化验单位：

表 8-3　监测点田间生产情况表

监测点代码：　　　　　　　　　　　　　　　监测年度：

项目		第一季	第二季	第三季
作物名称				
品种				
收获期				
播种方式				
耕作情况				
灌排水及降水	降水量（毫米）			
	灌溉设施			
	灌溉方式			
	灌水量（米^3）			
	排水方式			
	排水效果			
自然灾害	种类			
	发生时间			
	危害程度			
病虫害发生	种类			
	发生时间			
	危害程度			
	防治方法			
	防治效果			

监测单位：　　　　　　　　　　　　　　　监测人员：

表 8-4 耕地质量监测点年度监测数据汇总表

监测点代码:				监测年度:	
统计项目			第 1 季	第 2 季	第 3 季
基本情况汇总	作物名称				
	作物品种				
	生育期（天）				
	大田期	起始（年/月/日）			
		结束（年/月/日）			
	灌水总量（$米^3$/亩）				
作物产量汇总	无肥区	果实（千克/亩）			
		茎叶（千克/亩）			
	常规施肥	果实（千克/亩）			
		茎叶（千克/亩）			
施肥折纯量情况汇总	有机肥	N（千克/亩）			
		P_2O_5（千克/亩）			
		K_2O（千克/亩）			
	化肥	N（千克/亩）			
		P_2O_5（千克/亩）			
		K_2O（千克/亩）			

续表

<table>
<tr><td rowspan="11">常规区土壤性状</td><td colspan="3" rowspan="2">耕层物理性状</td><td colspan="3">质地（国际制）</td><td colspan="3">耕层厚度（厘米）</td><td colspan="3">容重（克/厘米^3）</td></tr>
<tr><td colspan="3"></td><td colspan="3"></td><td colspan="3"></td></tr>
<tr><td rowspan="9">耕层理化性状</td><td rowspan="2">层次</td><td colspan="10">常规测试项目</td></tr>
<tr><td>取样深度（厘米）</td><td>pH</td><td>有机质（克/千克）</td><td>全氮（克/千克）</td><td>碱解氮（毫克/千克）</td><td>有效磷（毫克/千克）</td><td>速效钾（毫克/千克）</td><td>缓效钾（毫克/千克）</td><td>全磷（克/千克）</td><td>全钾（克/千克）</td></tr>
<tr><td>耕层</td><td></td><td></td><td></td><td></td><td></td><td></td><td></td><td></td><td></td><td></td></tr>
<tr><td rowspan="2">层次</td><td colspan="10">中微量元素项目（钙镁为交换态，其他为有效态）</td></tr>
<tr><td>钙（毫克/千克）</td><td>镁（毫克/千克）</td><td>硫（毫克/千克）</td><td>硅（毫克/千克）</td><td>铁（毫克/千克）</td><td>锰（毫克/千克）</td><td>铜（毫克/千克）</td><td>锌（毫克/千克）</td><td>硼（毫克/千克）</td><td>/</td></tr>
<tr><td>耕层</td><td></td><td></td><td></td><td></td><td></td><td></td><td></td><td></td><td></td><td>/</td></tr>
<tr><td rowspan="2">层次</td><td colspan="10">环境质量项目（全量）</td></tr>
<tr><td>铬（毫克/千克）</td><td>镉（毫克/千克）</td><td>铅（毫克/千克）</td><td>砷（毫克/千克）</td><td>汞（毫克/千克）</td><td>/</td><td>/</td><td>/</td><td>/</td><td>/</td></tr>
<tr><td>耕层</td><td></td><td></td><td></td><td></td><td></td><td></td><td></td><td>/</td><td>/</td><td>/</td></tr>
</table>

监测单位：　　（公章）　　　　　　　　填报人：

审核人：　　　　　　　　　　　　　　　填报日期：

（三）建立县域耕地质量数据库

组织县级农业农村部门将土壤图、土地利用现状图、行政区划图叠加形成评价单元图（有条件时还应收集基本农田分布图、高标准农田建设分布图）。将评价单元图与耕地质量等级调查点位图、相关耕地质量性状专题图件叠加，采取空间插值、属性提取、数据关联等方法，为每一个评价单元赋值，实现评价单元属性数据与空间数据的匹配连接，形成集图形、属性为一体的县域耕地质量数据库。

（四）耕地质量等级评价

1. 确定建设前耕地质量等级　合理划分评价单元，调取县域耕地质量等级评价结果，确定建设前评价单元耕地质量等级。

2. 评定建设后耕地质量等级　根据全国综合农业区划，结合不同区域耕地特点、土壤类型分布特征（见 GB/T 17296—2009），确定项目区分属区域和相应的二级区，如山西省运城市垣曲县、平陆县、芮城县等 3 县属于晋东豫西丘陵山地农林牧区，盐湖区、永济市、临猗县、万荣县、新绛县、稷山县、河津市、闻喜县、夏县、绛县等 10 县（市、区）属于汾渭谷地农业区。

3. 计算耕地质量等级综合指数　对应二级区评价指标、各指标权重（表 8–5）、隶属度（表 8–6）和隶属函数（表 8–7）及耕地质量等级综合指数划分标准，开展耕地质量等级评价，计算耕地质量综合指数，划分耕地质量等级，并对建设前后耕地质量等级进行比较。

采用累加法计算耕地质量综合指数：

$$P=\sum(C_i \times F_i)$$

式中：P 为耕地质量综合指数；C_i 为第 i 个评价指标组合权重；F_i 为第 i 个评价指标的隶属度。

对比项目实施前后耕地质量等级，新增耕地质量等级应不低于周边耕地，原有耕地经高标准农田建设后，耕地质量等级应较项目实施前有所提升。耕地质量等级划分标准见表 8-8。

表 8-5　黄土高原区耕地质量等级评价指标体系指标权重

晋东豫西丘陵山地农林牧区		汾渭谷地农业区		晋陕甘黄土丘陵沟壑牧林农区		陇中青东丘陵农牧区	
指标名称	指标权重	指标名称	指标权重	指标名称	指标权重	指标名称	指标权重
地形部位	0.130 3	地形部位	0.135 5	灌溉能力	0.147 9	灌溉能力	0.126 1
灌溉能力	0.116 5	灌溉能力	0.134 9	地形部位	0.137 5	海拔	0.098 0
有机质	0.089 4	有机质	0.085 6	有机质	0.099 6	地形部位	0.109 6
耕层质地	0.079 0	质地构型	0.072 7	有效磷	0.071 8	有机质	0.074 5
海拔	0.071 2	耕层质地	0.069 6	耕层质地	0.070 7	耕层质地	0.069 8
质地构型	0.069 4	有效磷	0.066 5	海拔	0.066 7	质地构型	0.066 8
有效磷	0.062 6	排水能力	0.064 4	质地构型	0.063 9	pH	0.049 8
有效土层厚度	0.061 0	海拔	0. 063 6	速效钾	0.059 4	有效土层厚度	0.056 9
速效钾	0.055 6	有效土层厚度	0.055 0	有效土层厚度	0.055 8	有效磷	0.053 5
排水能力	0.045 0	速效钾	0.054 4	障碍因素	0.040 7	土壤容重	0.052 7
土壤容重	0.044 0	土壤容重	0.045 2	土壤容重	0.038 9	排水能力	0.048 7
障碍因素	0.042 6	障碍因素	0.041 2	pH	0.035 0	障碍因素	0.047 0

续表

晋东豫西丘陵山地农林牧区		汾渭谷地农业区		晋陕甘黄土丘陵沟壑牧林农区		陇中青东丘陵农牧区	
指标名称	指标权重	指标名称	指标权重	指标名称	指标权重	指标名称	指标权重
pH	0.039 6	农田林网化程度	0.031 8	排水能力	0.034 4	速效钾	0.048 9
农田林网化程度	0.038 4	pH	0.031 0	生物多样性	0.028 0	生物多样性	0.036 1
生物多样性	0.030 3	生物多样性	0.027 0	农田林网化程度	0.026 7	农田林网化程度	0.035 3
清洁程度	0.025 1	清洁程度	0.021 6	清洁程度	0.023	清洁程度	0.026 3

表 8-6 黄土高原区耕地质量等级评价指标体系概念型指标隶属度

地形部位	冲积平原	河谷平原	河谷阶地	洪积平原	黄土塬	黄土台塬	河漫滩	低台地	黄土残塬	低丘陵	黄土坪	局台地
隶属度	1	1	0.9	0. 85	0.8	0.7	0.7	0.7	0. 65	0.65	0. 65	0. 65
地形部位	黄土垌	黄土梁	高丘陵	低山	黄土峁	固定沙地	风蚀地	中山	半固定沙地	流动沙地	高山	极高山
隶属度	0. 65	0.6	0.6	0.5	0.5	0.4	0.4	0.4	0.3	0.2	0.2	0.2
耕层质地	沙土	沙壤土	轻壤土	中壤土	重壤土	黏土						
隶属度	0.4	0.6	0. 85	1	0.8	0.6						
质地构型	薄层型	松散型	紧实型	夹层型	夹层型	上紧下松型	上松下紧型	海绵型				
隶属度	0.4	0.4	0.6	0.5	0.5	0.7	1	0.9				

续表

生物多样性	丰富	一般	不丰富									
隶属度	1	0.7	0.4									
清洁程度	清洁	尚清洁	轻度污染	中度污染	重度污染							
隶属度	1	0.7	0.5	0.3	0							
障碍因素	盐碱	瘠薄	酸化	渍潜	障碍层次	无						
隶属度	0.4	0.6	0.7	0.5	0.5	1						
灌溉能力	充分满足	满足	基本满足	不满足								
隶属度	1	0.7	0.5	0.3								
排水能力	充分满足	满足	基本满足	不满足								
隶属度	1	0.7	0.5	0.3								
农田林网化程度	高	中	低									
隶属度	1	0.7	0.4									

表 8-7　黄土高原区耕地质量等级评价指标体系数值型指标隶属函数

指标名称	函数类型	函数公式	a 值	c 值	u 的下限值	u 的上限值
pH	峰型	$y=1/[1+a(u-c)^2]$	0.225 097	6.685 037	0.4	13.0
有机质	戒上型	$y=1/[1+a(u-c)^2]$	0.006 107	27.680 348	0	27.7
速效钾	戒上型	$y=1/[1+a(u-c)^2]$	0.000 026	293.758 384	0	294
有效磷	戒上型	$y=1/[1+a(u-c)^2]$	0.001 821	38.076 968	0	38.1
土壤容重	峰型	$y=1/[1+a(u-c)^2]$	13.854 674	1.250 789	0.44	2.05

续表

指标名称	函数类型	函数公式	a 值	c 值	u 的下限值	u 的上限值
有效土层厚度	戒上型	$y=1/[1+a(u-c)^2]$	0.000 232	131.349 274	0	131
海拔	戒下型	$y=1/[1+a(u-c)^2]$	0.000 001	649. 407 006	649.4	3 649.4

注：表中y为隶属度；a为系数；u为实测值；c为标准指标。当函数类型为戒上型，u小于或等于下限值时，y为0；u大于或等于上限值时，y为1。当函数类型为戒下型，u小于或等于下限值时，y为1；u大于或等于上限值时，y为0。当函数类型为峰型，u小于或等于下限值或u大于或等于上限值时，y为0。

表 8-8 黄土高原区耕地质量等级划分标准

耕地质量等级	综合指数范围	耕地质量等级	综合指数范围
一等	≥ 0.904 0	六等	0.714 0 ~ 0.752 0
二等	0.866 0 ~ 0.904 0	七等	0.676 0 ~ 0.714 0
三等	0.828 0 ~ 0.866 0	八等	0.638 0 ~ 0.676 0
四等	0.790 0 ~ 0.828 0	九等	0.600 0 ~ 0.638 0
五等	0.752 0 ~ 0.790 0	十等	<0.600 0

4. 提交耕地质量等级评价报告

项目验收前提交耕地质量等级评价报告。评价报告应包括项目基本情况、耕地质量等级评价过程与方法、评价结果及分析、建设前后耕地质量主要性状及等级变动情况、土壤培肥改良建议等章节，并附土壤检测报告、指标赋值情况和成果图件等。成果图件包括监测点位分布图、高标准农田建设区耕地质量等级图（建设前、建设后），需附矢量化电子格式文件。

第二节 竣工验收

竣工验收是高标准农田建设项目管理的重要环节。竣工验收工作核心是考核项目实施方案完成情况以及项目建设内容和资金使用的合规性，工程质量、耕地质量评价、后效评估以及群众满意度都是重点核验内容。竣工验收环节也是推动项目竣工，确保竣工项目发挥预期效益，不断提高高标准农田建设项目管理水平及资金合理使用的重要手段。因此，要建立完善责任明确、程序规范、运行有序的验收管理体系，根据主管部门关于竣工验收的有关规定和要求开展相关工作。

一、验收依据及条件

（一）验收依据

国家及省有关部门颁布的相关法律、法规、规章、技术标准以及规范等。农田建设项目管理及资金管理等有关制度规定。项目初步设计文件、批复文件以及项目调整文件、终止批复文件、施工图和竣工图等。项目招标投标文件、合同、资金拨付及支付等文件。按照有关规定应取得的项目建设其他审批手续。

（二）验收条件

已批复各项建设内容全部完成，包括设计调整批复内容。项目工程主要设备及配套设施经调试运行正常，达到设计目标。各单项工程已经建设单位、设计单位、施工单位、监理单位等四方验收合格，单项工程验收资料齐全。项目资金支付已达到合同约定进度要求。完成项目竣工决算并出具竣工决算报告，由有资质的中介审计机构或当地政府审计机关审计并出具审计报告。前期工作、招标投标、合同、监理、施工管理资料及相应的竣工图纸资料齐全、完整，项目有关材料分类立卷。初验合格并出具报告。需要完成的其他有关事项。

二、竣工验收内容

（一）项目实施进度

是否在批复的建设工期内完成建设任务。

（二）项目组织管理

是否成立了领导机构，配备了各类专业人员，制定了相关的项目管理制度。

（三）制度执行情况

是否严格执行了项目法人责任制、监理制、招标投标制、合同制、公示制，是否按照条款执行。

（四）建设任务完成情况

1. 工程数量完成情况　通过抽验，查看高标准农田建设项目各项工程的实施情况。综合判断土地平整、土壤改良、灌溉和排水、田间道路、农田防护与生态环境保护、农田输配电及其他工程是否按照批复的初步设计完成。存在设计调整变更的，微调完善部分是否执行了工程签证手续及报备材料，按照批复调整变更文件检查核实建设内容完成情况。

2. 工程质量情况　通过抽验，查看高标准农田建设项目的各项工程和设施设备是否正常运行，重点查看水利工程特别是水源工程是否满足设计要求，田间道路、农田防护与生态环境保护、农田输配电工程的各项建设内容是否达到设计要求，树木成活率是否达到90%以上等。

（五）资金到位、使用与管理情况

资金到位情况、资金预算及执行情况、资金管理及拨付审批情况、资金收支情况和竣工决算及审计等情况。项目资金入账手续及支出凭证完整性等财务制度执行情况，是否有用于兴建楼堂馆所、弥补预算支出缺口等与农田建设无关的支出等情况。

（六）群众满意度

调查项目区群众对工程建设满意程度。

（七）项目信息备案情况

项目建设和位置坐标等信息应全面及时备案入库。

（八）档案管理

技术文件材料是否分类立卷；技术档案和施工管理资料是否齐全、完整。

三、竣工验收资料

（一）项目立项资料

下达建设任务的文件。项目初步设计及报送初步设计的文件。初步设计专家评审意见和初步设计批复文件。项目变更（计划调整）

申请及批复文件。项目未重复建设证明文件。项目区村民“一事一议”资料。与立项有关的会议纪要、领导批示（讲话）。涉及取水（打井）等需水利或者其他有关行政主管部门申请及批准文件或有关决定等。环境评价报备情况。工程地质勘查报告（如有）。生态文旅部门证明材料等。

（二）招标投标资料

1. 招标公告　①在网络媒体刊登的应将网络页面实样打印；②在报刊等纸质媒体刊登的应当有原件；③在建筑市场刊登的应当有该市场审核批准并实际刊登的公告纸质文件。

2. 投标人报名资料（投标人报名记录）

3. 资格预审资料　①购买资格预审文件记录；②递交资格预审申请文件记录；③资格预审文件；④所有提交的资格预审申请文件；⑤资格预审评审资料（包括抽取专家信息、评审委员会签到表、资格预审评审报告及评审表）；⑥资格预审合格 / 不合格通知书。

4. 招标文件资料　①购买招标文件记录；②招标文件；③招标文件补充文件；④标底文件或招标控制价资料；⑤招标文件答疑文件及投标单位答疑函。

5. 投标资料　①递交投标文件记录；②全部投标人提交的投标文件。

6. 开标评标定标资料　①开标会签到表；②唱标记录；③评标委员会签到表；④专家抽取信息表；⑤评标报告及评标过程资料；⑥定标文件；⑦中标及未中标通知书；⑧中标公示信息；⑨质疑及答疑资料（如有）；⑩聘请公证、纪检监察的应附相关文件。

（三）合同文件

工程咨询合同（如有）。招标代理合同。勘察设计合同。工程监理合同。工程施工合同。货物采购合同。委托工程复核合同。其他合同。

（四）监理资料

监理规划、监理实施细则。设计交底和图纸会审会议纪要。施工组织设计、（专项）施工方案、施工进度计划报审文件资料。分包单位资格报审文件资料。施工控制测量成果报验文件资料。总监理工程师任命书，工程开工令、暂停令、复工令、开工或复工报审文件资料。工程材料、构配件、设备报验文件资料。见证取样和平行检验文件资料。工程质量检查报验资料及工程有关验收资料。工程变更、费用索赔及工程延期文件资料。工程计量、工程款支付文件资料。监理通知单、工作联系单与监理报告。第一次工地会议、监理例会、专题会议等会议纪要。监理月报、监理日志、旁站记录。工程质量或生产安全事故处理文件资料。工程质量评估报告及竣工验收监理文件资料。监理工作总结。

（五）施工资料

施工组织设计或（专项）施工方案报审资料。工程开工报审资料。工程复工报审资料。施工控制测量成果报验资料。工程材料、构配件或设备报审资料。隐蔽工程、检验批、分项工程质量报验等报审资料（需绘制隐蔽工程竣工图）。分部（子分部）工程报验资料。监理通知回复。单位工程竣工验收报审资料。工程款支付报审资料。

工程临时或最终延期报审资料。单位工程质量验收记录。竣工验收报告。竣工验收备案资料（包括各专项验收认可文件）。工程质量保修书、主要设备使用说明书。建筑材料、构配件和设备出厂合格证明或进场试验报告，检验记录及试验资料。

（六）财务资料

工程结算及审核材料。竣工财务决算和审计报告。

（七）验收档案资料

初步验收记录。初步验收总结。初步验收报告。竣工验收申请。项目管理制度。有关项目管理会议纪要、领导讲话、文件等。声像档案、工程照片、录音录像等材料。

四、竣工验收程序

（一）提交竣工验收申请

高标准农田建设项目单项工程全部验收合格后，建设单位应当组织专家进行初验，对初验合格并具备竣工验收条件的项目，应当及时向审批部门提交竣工验收申请报告。竣工验收采取“谁批复，谁验收”＋部省级业务部门抽验的形式完成。

竣工验收申请报告应当依照竣工验收条件对项目实施情况进行分类总结，并附初验意见、工程复核、竣工决算和审计报告等。

（二）审核竣工验收申请材料

项目初步设计审批部门收到项目竣工验收申请后，应当对申请材料进行初步审核，对不具备竣工验收条件的项目提出整改要求，对具备竣工验收条件的项目应当尽快组织开展竣工验收工作。

（三）组织验收人员培训

竣工验收前，项目初步设计审批部门应当对验收人员进行业务知识培训，帮助验收人员全面掌握项目竣工验收的有关政策、规定及要求。

（四）下发竣工验收通知

对拟验收项目，项目初步设计审批部门向申请竣工验收单位发出验收通知，通知应当明确验收项目、验收组成员、验收时间及有关要求。

（五）开展竣工验收工作

验收组赴现场开展项目竣工验收工作，并根据项目规模和复杂程度，成立专业验收小组，分别对相关内容进行验收。

（六）编写竣工验收报告

竣工验收完成后，由验收组编写竣工验收报告，同时填写项目建设工程抽验汇总表、项目建设工程建设情况表和项目预算执行和资金使用情况表。

（七）明确竣工验收结论

竣工验收结论分为合格和不合格。竣工验收结论必须经验收组2/3以上成员签字同意，验收组成员对验收结论有保留意见时，应当在验收成果资料中明确记载，并由保留意见人签字。

（八）提出问题整改要求

对竣工验收中发现的问题，由验收组反馈给建设单位，反馈时应当明确存在的问题、整改建议和完成时限。建设单位整改完成后及时将整改情况报项目初步设计审批部门，对验收不合格的项目要求限期整改并重新进行验收。

（九）核发验收合格证书

对竣工验收合格的项目，由初步设计审批部门核发农业农村部统一格式的竣工验收合格证书。

五、竣工验收方法

（一）听汇报

听汇报，即验收组通过听取汇报，了解掌握项目建设、资金使用和政策落实等基本情况。

（二）查资料

查资料，即查阅项目档案资料，应当包括验收备查资料目录中的所有资料。着重查阅单项工程验收和项目初验资料，比对设计图和竣工图之间的差异；查阅资金台账、项目竣工决算和审计情况报告等；在农田建设综合监管平台上查阅项目建设和位置坐标等信息备案入库情况。

（三）抽验工程

抽验工程现场验收采取随机抽的方式进行，抽验应当涵盖所有工程类型。经第三方机构对工程数量与质量进行复核并形成工程复核报告的项目，各类工程数量的抽验率不低于10%。没有进行工程数量和质量复核的项目，各类工程数量的抽验率为：2万（不含2万）亩以下的项目不低于20%，2万（含2万）~5万（不含5万）亩的项目不低于15%，5万（含5万）亩以上的项目不低于10%。

1. 土地平整工程　对照设计图中的坐标点，核实土地平整面积。

2. 土壤改良工程　核实各种改良措施是否按计划实施。

3. 灌溉与排水工程　抽取时注意水源工程、输配水工程、渠系建筑物工程、田间灌溉工程、排水工程等联动功能运行情况，组成完整体系一并验收。

4. 农田输配电工程　与灌溉与排水工程一并验收。

5. 田间道路工程　以不同工程做法的道路为单位抽取。

6. 农田防护与生态环境保持工程　按照农田林网、岸坡防护工程、坡面防护工程、沟道治理工程分别抽取。

（四）检验质量

查看项目现场，检验工程建设质量和主要工程设施设备运行情况。

（五）计量数量

对照项目竣工图纸进行实地丈量或清点，做好现场核查登记，并结合“看”中抽验的质量情况，填写项目建设工程抽验汇总表。

（六）询问题

就项目中存在的问题，对相关人员进行质询。

（七）访民情

就项目的受益群众满意度进行随机访谈，根据抽验范围内各类工程的数量完成情况和质量合格情况，结合实施进度、项目组织管理、制度执行、资金到位使用与管理、群众满意度、信息备案、档案管理等情况，集体研究、综合判断，提出项目合格或不合格结论。

第三节 绩效评价

绩效评价是指运用一定的评价方法、量化指标及评价标准，对高标准农田建设绩效目标的实现程度，以及为实现这一目标所安排预算的执行结果所进行的综合性评价。《农田建设项目管理办法》中规定，各级农业农村主管部门应当加强对农田建设项目的绩效评估。应结合粮食安全省长责任制考核，采取直接组织或委托第三方的方式，对高标准农田建设项目开展绩效评估工作。《高标准农田建设　通则》（GB/T 30600—2022）中规定应开展高标准农田建设绩效评价，对建设情况进行全面调查、分析和评价，按照《高标准农田建设评价规范》（GB/T 33130—2016）执行。

第九章

高标准农田建后管护

第一节 工程管护范围

一、概念

高标准农田工程设施建后管护是指对田间道路、灌排设施、农田防护和生态环境保持工程、输配电工程、公示标牌、配套建筑物等工程设施进行管理、维修和养护，确保工程原设计功能运行正常。

二、管护范围

2011 年以来建成并上图入库的高标准农田项目，其工程设施应纳入管护范围。管护主要内容及标准如下：

（一）灌排工程、输配电工程管护

确保田间渠系工程、排水工程、输配水管道工程不堵塞；小型塘坝、水井、井房、泵站、田间蓄水池等小型水源工程正常使用，灌溉能力得到保障；输电线路、变配电设施、弱电设施等运行正常，无安全隐患。

（二）田间道路、农田防护工程管护

确保田间道路、机耕路完好，维持路面平整、路基完好，无杂草、无杂物，通行顺畅；农田防护和生态环境保持工程整体充分发挥作用，项目建设的农田防护林要定期修剪，适时浇水，缺额补栽，跌倒扶正。

（三）配套建筑物、标识设施管护

各灌排渠道、田间道路、输配电工程等相关配套设施完好，围栏和公示、警示标志完整无损，信息清晰。

（四）确保项目发挥效益

在管护范围内发现高标准农田撂荒现象，应及时报告乡镇人民政府和市县农业农村主管部门。

第二节 工程管护主体及责任

农田建设工程管护按照“谁受益谁管护，谁使用谁管护”的原则，结合农村集体产权制度和农业水价综合改革，合理确定工程管护主体。

一、市县人民政府负总责

市县人民政府对高标准农田建后管护负总责，每年将管护财政资金纳入预算充分保障，统筹安排管护经费，足额保障管护工作需求。市县农业农村主管部门应制定高标准农田工程设施建后管护制度，负责组织协调、监督指导和检查考核等工作。

二、各类管护主体及责任

高标准农田建设项目竣工验收合格后，应在一个月内，由市县农业农村主管部门与所在乡镇人民政府办理工程移交手续，双方共同确定管护主体。管护主体主要为镇村集体经济组织，受益范围内的农民专业合作组织、家庭农场、农业企业等新型农业经营主体，或通过政府购买服务等方式委托的专业机构。乡镇人民政府与管护主体签订管护协议。工程质量保质期内，若发现工程设施因施工质量缺陷导致的损坏，市县农业农村主管部门应督促项目法人单位协调施工单位负责整改和修缮。

市县农业农村主管部门应根据实际及工程设施特点，因地制宜，采取不同管护模式，明确管护主体职责，并将管护主体、职责范围、工作内容及期限等在项目区公布。

镇村集体经济组织作为管护主体的，应通过以工代赈的方式，引导和组织受益农民成立管护队伍，或设立公益性岗位等，统一管理，开展管护。

农民专业合作组织、家庭农场、农业企业等新型农业经营主体或专业机构作为管护主体的，应在管护协议中明确管护职责、内容、标准、经费、检查考核要求等内容。市县农业农村主管部门、乡镇人民政府应指导管护主体积极吸纳当地群众特别是困难群众参与管护，并按时足额发放酬劳，促进农民增收。

三、专职管护人员

各类管护主体均应安排专职管护员。专职管护员应遵纪守法，热心公益事业，责任心强，有劳动能力。专职管护员应熟悉管护区域内高标准农田工程设施的布局和现状，认真做好管护工作，保证管护工程设施正常运行，持续发挥效益。管护主体及人员必须严格遵守法律法规和工作制度，服从防汛防风防旱工作统一调度，接受市县农业农村主管部门、镇村组织和农民群众的监督，不得以任何理由擅自收取费用、擅自将工程及设备变卖，不得破坏水土资源和生态环境。

专职管护员应定期对高标准农田进行巡查，汛期应增加巡查频次，每次巡查应填写记录并报管护主体存档。发现破坏高标准农田工程设施的单位或个人，管护主体、专职管护员应及时向乡镇人民政府、市县相关主管部门报告，情节严重涉嫌犯罪的，应及时向公安机关报告。

第三节 工程管护资金的管理

一、管护资金的来源

高标准农田工程设施建后管护资金主要来源为市县级财政预算资金、上级财政安排的补助资金和各类可用于建后管护的奖补资金等。市县应建立财政补助和农业水费收入、经营收入相结合的高标准农田管护经费投入机制，统筹村（组）集体经济收益、新增耕地指标交易收益、村集体土地流转收益、灌溉用水收费、“一事一议”政策补助资金、高标准农田工程审计结余资金、其他农村社会事务管理资金等，拓宽资金筹措渠道，保障管护工作持续有效开展。

二、管护资金的使用

管护资金使用支出范围主要包括：在工程设计使用期内工程设施日常维修、局部整修和岁修，购置必要的小型简易管护工具、运行监测设备、维修材料、设备所需汽柴油，以及发放专职管护员的酬劳等；委托专业机构作为管护主体的，应依据合同内容合理支付费用。

管护资金要专款专用，不得挤占挪用，不得用于购置车辆、发放行政事业单位人员工资补贴或其他行政事业费开支。市县农业农村主管部门每年应对管护资金使用情况进行检查并将结果公示。

日常维护主要对工程设施进行经常性保养和防护；局部整修主要对工程设施局部或表面轻微缺陷和损坏（含灾毁）进行处理，保证设施完整、安全及正常运用；岁修主要对经常养护所不能解决的工程损坏进行每年或周期性的修复。维修养护不包括工程设施扩建、续建、改造等。

附录

高标准农田建设实例

实例一　高标准农田夯实粮食丰产底气（吉林省吉林市）

东北秋收已基本结束。在全国产粮大县吉林农安的万金塔乡，本该就此安静下来的农田里依然热闹着。平整田块、整修机耕路、修建水渠……高标准农田建设热火朝天。“有了这高标准农田，明年的收成会更好。”一位农民说。

万金塔乡的热闹景象，是吉林省高标准农田建设工作的缩影。黑土地上，路相通、沟相连、旱能灌、涝能排的一块块新式农田快速铺开，一步步夯实着粮食稳产增产的底气。附图1-1为永吉县万昌镇宇丰米业2万亩高标准水田基地，附图1-2为孤店子镇大荒地村的高标准稻田。

附图1-1　吉林市永吉县万昌镇宇丰米业2万亩高标准水田基地

附图 1-2 吉林市孤店子镇大荒地村的高标准稻田

公主岭市南崴子街道刘大壕村迎来丰收。平整的水泥路上，一辆辆拖拉机正拉着粮食穿梭其间。2017 年，刘大壕村部分稻田建成高标准农田，给粮食生产带来变化。“1 公顷高标准稻田水稻产量达 17 000 斤，比普通稻田高 2 000 斤。”一村民说。

刘大壕村过去没有水泥路，道路泥泞时农机无法进地，延误农时。建设了高标准农田后，平整的水泥路上农机畅行无阻，水泥和纤维板建成的水渠还提高了灌溉效率。以前水库放水要一周才能到村，如今有了新式水渠，只需要一天。

在产粮大县榆树，民悦农机种植专业合作社的 1 000 多吨水稻已颗粒归仓。合作社的 50 公顷高标准农田里气候土壤自动监测、自动化除虫等设备一应俱全。合作社负责人说，与普通稻田相比，高标准稻田农机作业效率及生产质量明显提高，水稻品质好，价格也更高。

“十三五”以来，吉林省粮食产量连续稳定在 700 亿斤以上。目前，吉林省正在开展高标准农田建设“秋冬大会战”，针对 311.5 万亩耕地开展高标准农田建设的立项、审批、开工等工作。至“十三五”末，吉林省将累计建成高标准农田 3 500 万亩，超过耕地总面积的

1/3。到 2025 年，全省将建成 5 000 万亩高标准农田，进一步筑牢“大国粮仓”根基。

（资料来源：薛钦峰，段续．吉林：高标准农田夯实粮食丰产底气．新华社网，2020 年 11 月 10 日．选入时有改动）

实例二 164 万亩高标准农田“绘制”田间新图景（江西省抚州市）

建设高标准农田，是保障国家粮食安全的重要基础。从 2017 年至 2020 年，粮食主产区江西省抚州市累计建设 164.1 万亩高标准农田，为当地实现粮食增产、农民增收、乡村振兴发挥重要作用。

立夏时节，早稻新绿。在抚州市临川区东馆镇，记者看到，经过平整后的农田成片相连，机耕道、排灌渠纵横有致，见附图 1–3。

附图 1–3 江西省抚州市临川区的高标准农田

“过去田块分散，田间道路不通畅，手扶拖拉机很难下田，现在能用大型农机作业，又快又省力。”东馆镇下龚村一位种粮大户告诉记者。过去跑肥、跑水的低产田如今变成了保肥、保水的高产稳产田，每亩平均产量提高百斤左右。

抚州市农业农村局负责人表示，当地建成高标准农田后，灌溉保障率达到85%，田间道路通道率超过95%，在保障粮食产能的同时，促进了农民增收。

抚州市乐安县位于山区，这里不仅有青山翠峰，更有“田成方、渠成行、路成网”的高标准农田，见附图1–4。

附图 1–4 江西省抚州市乐安县的高标准农田

2017年，江西绿能农业发展有限公司看中了这里独特的生态优势和集中连片的良田，承包流转17 000多亩土地用于种植优质稻，并在当地建起一批产业配套工厂、企业。

“是高标准农田建设，帮助乐安县成功吸引到像绿能这种农业龙头企业前来投资。”乐安县农业农村局负责人说。过去当地农村大多田块零碎、高低不平，不适宜开展机械化作业，土地流转无人问津，建成高标准农田后，企业和合作社流转意愿高涨。

乐安县公溪镇古城村一位种粮大户告诉记者，自己被当地企业聘请为职业农民后，平时有基本工资，到年底根据超额完成的产量领取年终奖，收入比过去高。企业流转村里的土地，每亩还额外拿出100元，用于发展壮大村集体经济。

在确保粮食产量稳步提升的基础上，部分农工结合、农旅结合的高效农业发展模式正乘着“高标田”的“东风”兴起，有利于实现产业链就地延伸，为乡村振兴注入新的活力。

在抚州市东乡区，集中连片的高标准农田让大型农机设备下田作业得以实现，显著提升了当地部分农工结合项目的生产效率。

“借助高标田建设的契机，不仅要实现藏粮于地，更要争取让土地产出更多效益。”东乡区农业农村局负责人说。

（资料来源：范帆．江西抚州：164万亩高标准农田“绘制”田间新图景．新华网，2020年05月05日．选入时有改动）

实例三　60余万亩高标准农田助力高原特色农业发展（云南省宣威市）

在云南省宣威市板桥街道永安村，可以看到：高标准农田建设实现了农机入田、管网入地，耕地实现旱能灌、涝能排，有效提高了抵御自然灾害的能力，见附图1-5。

附图 1-5　云南省宣威市高标准农田

“高标准农田建设，让永安村万亩土地的农业配套设施更加完善，土地肥力增强，进而吸引金兰世家、永安高原合作社、太阳花合作社、蓝海园艺有限公司、浙江商会，共计流转土地 13 500 亩，建设魔芋、芍药、猕猴桃、草坪、玫瑰、马铃薯等高原特色农业示范基地。”宣威市板桥街道永安村一负责人介绍。

这只是宣威高标准农田建设的一个成功范例，截至 2020 年底，宣威市已建成高标准农田 60 余万亩。高标准农田作为高原特色农业发展的领跑器，宣威市紧紧围绕贫困人口密集、带贫基地规模大、农产品开发前景好的区域进行布局，着力在“建、管、用”上下功夫，在“建立带贫基地、完善产业链条”上做文章，在“绿色、优质、高效”上求突破，精心组织、优化设计、严把工程质量关，建管并重，项目入库，引企入驻，融合发展，提升了产业规模化、标准化、组织化水平，助推了产业扶贫，壮大了村集体经济，实现了粮食增产、企业增效、农民增收。

在热水镇格依项目区村集体流转500亩土地并引进金藤燃杰农业有限公司，合作种植阳光玫瑰葡萄，村集体通过土地流转、组织务工等方面开展社会化服务，年获得5万元村集体经济收入；年增加100个务工就业岗位，吸纳56名贫困户务工，年人均收入2.4万元，保障了贫困户稳定脱贫；企业获得土地资源后，建成了葡萄产业园区，打造了金藤葡提品牌，提升了种植效益，亩产值达6万元。在落水灰硐项目区通过引进云宣蔬菜有限公司，建成容量1万立方米的冷库和50亩蔬菜育苗大棚基地、2 500亩蔬菜生产基地，弥补了宣威蔬菜产业冷链短板，延长了产业链条，促进蔬菜产业规模化发展。企业进驻以来土地流转费用从每亩500元提高到每亩850元，务工工时费从每天60元升高到100元，有机蔬菜销售从市内销售拓展到浙江、上海、广东等地区，种植有机蔬菜亩产值从4 600元提高到8 000元。

“高标准农田夯实了粮食安全基础，宣威把高标准农田与部省玉米、马铃薯高产创建和国家马铃薯良种繁育基地县项目实施融合，举办旱粮高产样板3万亩，推进马铃薯良种繁育10万亩，在良田、良种、良法配套、农机、农艺融合上做文章，集成技术成为科技增粮的利器。”据宣威市农业农村局负责人介绍，宝山镇项目区引进云薯202、云薯109等优良品种，建成良种繁育基地和高产示范基地3 000亩，百亩攻关区平均亩产达2.2吨，比常规种植亩增0.9吨，增69%；板桥街道项目区实施玉米绿色高产高效创建1万亩，平均亩产达846千克，比对照地块亩增202千克。高标准农田藏粮于地，2020年宣威市粮食产量达8.06亿千克，同比上年增4.32%。

（资料来源：张明磊．云南宣威：60余万亩高标准农田助力高原特色农业发展．云南网，2020年12月17日．选入时有改动）

实例四　实施高标准农田项目，建好一片沃野良田（江苏省盐城市）

漫步盐城市高标准农田项目区，田成方、林成网，渠相连、路相通，旱能灌、涝能排，一派沃野平畴美丽画卷。

近年来，江苏省盐城市十分重视高标准农田建设工作，项目数量、规模和投资始终处于全省领先位置，并呈现高速增长趋势。2018 年实施高标准农田建设项目 51 个、规模 35 万亩、投资 5.25 亿元。2019 年 85 个、规模 57.32 万亩、投资 10.5 亿元。2020 年 102 个、规模 62.2 万亩、投资 11.3 亿元。2021 年建设规模有望突破 120 万亩，总投资 27 亿元，力争“十四五”实现高标准农田市域全覆盖。附图 1–6 为大丰高标准农田，附图 1–7 为阜宁高标准农田。

附图 1–6　大丰高标准农田

附图 1-7 阜宁高标准农田

1. 规划引领，项目建设不断提质

盐城市在高标准农田建设过程中，从单一提升和改善农业生产基础设施到综合乡村振兴涉农要素，突出农业基础设施提升、农村人居环境改善、黑臭水体整治、三产融合发展、耕地质量提高、村集体收入增加、项目扶贫脱贫等方面多维考量，打出最优组合拳，力求项目效益最大化。

坚持高起点规划。因地制宜，科学规划，推进沟渠田林路、桥涵闸站洞综合治理（附图 1-8），夯实农业基础设施。把田间配套、排灌工程建设（附图 1-9、附图 1-10）和耕地质量建设摆在优先位置。实现土地平整肥沃，水利设施配套，田间道路畅通，林网建设适宜、农艺农机技术先进适用，使农田基础设施条件与现代农业规模化生产经营体系相适应。

坚持高标准要求。严格执行国家和省农田建设项目管理制度，并结合盐城自身实际情况和高标准农田项目工程面广量大等特点，推行全程项目管理、全面质量管理、全员参与管理的“三全”管理

附图 1-8　高标准农田建设项目公示牌及泵站、桥梁工程

附图 1-9　高标准农田项目区工程防渗渠

附图 1-10 沟渠疏浚

模式，建立健全工程监督、队伍监察、资金监管的“三监”工作机制，确保项目建设好、资金使用好、队伍打造好。

坚持高质量发展。在高标准农田建设中，不断转变农业发展方式，优化资源要素配置，全面促进资源环境节约集约利用，加快构建现代农业产业体系、生产体系、经营体系，推进农业由增产导向转向提质导向。

2. 规范管理，工程质量不断提高

加强项目建设全程管理，形成以乡镇为建设主体，农业农村部门实施监管、监理、检测、审计参与的良性管理机制。

严把规划设计关。突出规划标准落实，高标准高起点规划，制订盐城市高标准农田建设技术模板，严格执行高标准农田建设标准，把标准化建设的思想贯彻落实到规划设计中，深入现场勘察，了解群众需求，提高规划设计的前瞻性和科学性。

严把工程质量关。全面推行项目监理制和第三方质量检测制度，通过公开招标确定有资质的监理公司和质量检测机构，对项目工程进行现场监理和监测，并将质量检测报告作为项目验收的必备条件（附图 1–11）。

附图 1–11　高标准农田项目施工现场

严把验收管护关。工程竣工后，首先由项目建设单位、设计单位、监理单位、施工单位完成四方验收；其次，在四方验收合格的基础上开展县级初验；最后，再由市级组织竣工验收。所有竣工工程全部粘贴高标准农田建设项目专用标志，竖立大理石公示碑，并办理工程移交手续，签订工程管护责任书，做到管护制度到位、管护责任到位、管护人员到位，确保工程能够持续发挥效益。

3. 效益为先，项目绩效不断提升

近年来，盐城市持续加大资金投入，针对制约农业生产发展的障碍因子，着力解决灌区骨干工程不配套、灌排渠道不达标、渠系建筑物老化失修等农田建设“最后一公里”问题。

改善基本生产条件，综合生产能力进一步提高。“十三五”期间，盐城市高标准农田项目区共新建排灌站 1 454 座，疏浚渠道 324.47 千米、衬砌渠道 819.22 千米、埋设管道 173.08 千米、修建渠系建筑物 34 135 座、新建机耕路 1 909.14 千米、新建农田防护林网 2.62 万亩。大丰区草庙镇川竹村地处沿海滩涂，地多人少，位置偏僻，村里年轻人都不愿意在家种地。种植大户王金荣 2013 年承包了村里 1 320 亩土地种植水稻和小麦，由于基础设施不配套，连年亏损。2019 年大丰区实施高标准农田建设项目，王金荣成为最直接的受益者。根据统计数据，2020 年小麦亩产达到 389 千克，较上年增长 2.1 千克 / 亩；水稻亩产达 619.6 千克，收购价达每市斤 1.40 元至 1.45 元，亩均效益可增加 200 元左右。

推进种植规模化，农业生产进一步增效。近年来，射阳县依托高标准农田项目区显著改善的生产条件，加快建设射阳大米标准化生产基地，射阳大米成功入选 2020 年江苏省农业品牌目录，成为全国首家地理标志集体商标，品牌价值超百亿元，使当地群众得到真正的实惠。大丰区 2019 年建设的 7.8 万亩高标准农田，目前已经流转了 3.79 万亩，吸引了 14 个农民专业合作社、17 户家庭农场在项目区开展规模生产经营。项目区一些老人、妇女在获得每亩 1 000 余元土地租金的同时，通过在园区打工，每天还可获得 70~200 元不等的工资性收入，成为名副其实的“田间工人”。

优化产业结构，农民收入进一步增加。高标准农田项目建设进一步推动了项目区农业产业结构调整，培育了一批现代农业园区，以设施农业为主要形式的现代农业方兴未艾。通过项目建设和园区的示范引导，盐城市农业产业结构不断优化升级，进而形成“项目促调整、调整促增收”的良性循环。响水县西蓝花产业快速发展壮大，成为全国西蓝花生产第一县。该县2018年西蓝花种植面积10万亩，但高标准基础设施配套的田块仅占40%，大部分田块依然存在“灌不上、排不出、路不通、运不出”的情况。近两年，通过实施高标准农田建设项目，新建高标准西蓝花生产基地1万亩，还辐射带动了周边地区的土地流转，流转土地后的群众回到基地打工，除了土地租金，又增加了一份稳定的工资性收入。

（资料来源：彭胜，马隰龙，张力．江苏盐城：实施高标准农田项目，建好一片沃野良田．盐城晚报，2021年1月20日．选入时有改动）

实例五　建成75万亩高标准农田（山东省德州乐陵市）

“以后地里浇水再也不用愁，阀门一开水就自动流，还能节约不少成本。”2021年7月15日，德州乐陵市寨头堡乡郑庙村党支部书记指着村头新建起来的泵站，欣慰地说。

“灌溉时候跑断腿，涝了只能干瞪眼。”郑庙村村民常说的这句话，反映了当地一些农田基础设施建设薄弱的现状。是高标准农田建设项目的实施，让灌溉水渠修到了田间地头，农业生产基础设施得到改善，项目区的农田面貌焕然一新。

乐陵市农业农村局负责人介绍，高标准农田建设是落实“藏粮于地”“藏粮于技”战略、保障国家粮食安全的基础性工程。乐陵市委、市政府高度重视农田建设，把高标准农田建设列入全市重点工作安排，专门成立了高标准农田建设工作领导小组，确立了由分管市领导定期现场督导、局党组书记定期调度、局长抓总体全局、副局长靠上抓落实、科长常驻现场抓工程的工作思路，协调各相关部门积极配合。

在项目管理上，严格按照国家有关规定执行，实施方案由具有相应勘查、设计资质的机构编制，并达到规定深度。立项公示、施工公示和竣工公示及时公开，接受社会和群众监督。项目资金做到“专人管理、专户储存、专账核算、专项使用”。压实监理单位质量安全监督责任，聘请当地有威望、有经验的村支书对项目施工进行全程监督。

乐陵市强化高标准农田项目建设全过程工程质量管控，严把勘察设计关，选择有相应资质的设计单位承担勘察设计工作，政府工作人员与第三方一同进行实地现场勘察，充分听取当地群众意见，做好实施方案编制；严把施工质量关，要求施工单位根据施工合同、施工图纸、技术标准、操作规程组织施工，并核查购置原材料的质量；严把工程监理关，从进场施工开始要求监理及时发现工程质量安全隐患，并督促整改进行复查，同时做好质量安全记录，建立档案；严把竣工验收关，单项工程验收、项目初验确保有项目法人代表、监管部门、监理方、群众代表等多个主体参与。项目验收后，按照“谁受益、谁管护，谁使用、谁管护”的原则，明确管护主体、管护责任和管护义务，制定管护制度，及时办理资产移交手续。

近年来，乐陵市共实施高标准农田建设项目 75 万亩，占全市粮田总数的 75%。其中，2020 年建成高标准农田（附图 1-12）5 万亩，涉及杨安镇 29 个村、寨头堡乡 35 个村，投入中央预算内资金 5 109

万元，地方财政配套资金 2 391 万元。2021 年度 11.3 万亩高标准农田建设项目顺利推进。

附图 1-12　乐陵市杨安镇高标准农田建设项目区

严格按照“田成方、渠相连、路相通、林成网、旱能灌、涝能排、机宜耕”的要求，打造有特色、有规模的高标准农田。项目区小麦每亩可增产 40 千克，玉米每亩增产 55 千克。

（资料来源：林立刚．德州乐陵市建成 75 万亩高标准农田，占全市粮田总数的 75%. 德州日报，2021 年 7 月 15 日．选入时有改动）

实例六　大力推进高标准农田建设（黑龙江省）

一场大雨过后，大豆枝叶饱满翠绿，黑土耕地泛起油光。

“这片地沟渠通畅，并实现一键智能灌排，瞅咱这田里，没半点积水。”田垄上，黑龙江省黑河市宝丰合作社理事长正在察看墒情，“多亏去年实施的高标准农田改造项目，原来的‘巴掌田’‘鸡窝地’连成了大格田，涝能排、旱能灌，规模化作业也没问题。”

黑土地是“耕地中的大熊猫”，对保障我国粮食安全具有不可替代的重要作用。黑龙江有典型黑土耕地面积 1.56 亿亩，占东北典型黑土区耕地面积 56.1%。

“要采取工程、农艺、生物等多种措施，调动农民积极性，共同把黑土地保护好、利用好。”“要加快绿色农业发展，坚持用养结合、综合施策，确保黑土地不减少、不退化。”党的十八大以来，习近平总书记多次对黑土地保护作出重要指示。

黑龙江省深入贯彻落实习近平总书记重要指示精神，综合施策、多措并举，切实用好养好黑土地，守护好“耕地中的大熊猫”。

1. 大力推进高标准农田建设，让越来越多的“粮田”变“良田”

眼下，在北大荒集团宝泉岭分公司共青农场北京庄管理区高标准农田建设项目现场，各类施工车辆往来穿梭，正全力推进项目区机耕路铺垫和沟渠清淤工作。“以往农田基础设施不完善，抗灾能力弱，种植户最怕大雨等极端天气。”宝泉岭分公司工程建设管理部负责人介绍，通过实施高标准农田建设等系列工程，将有效增强农田抗灾减灾能力，显著改善农业生产条件。

“目前，北大荒已累计建成高标准农田2 894万亩，占耕地总面积的63%，粮食产量连续10年稳定在400亿斤以上。”北大荒集团负责人表示。

“高标准农田建成后，粮食亩均增产一到两成。”黑龙江省农业农村厅农田建设管理处负责人介绍，“2021年全省落实高标准农田建设面积1 010万亩，今年将再新建1 100万亩，累计建成面积将达到1亿亩以上，占全省耕地总面积的四成左右。”

2. 推广科学的耕作制度，提高黑土地质量

在北大荒集团建三江分公司，每年秋收都会将水稻秸秆粉碎后抛撒还田，再进行深翻作业，并配合施用尿素加速秸秆腐烂。

近年来，黑龙江省根据不同土壤类型和积温带，探索形成以秸秆翻埋还田、秸秆覆盖免耕等为主的黑土地保护“龙江模式”和以水稻秸秆翻埋、旋耕和原茬打浆还田为主的“三江模式”。“我们组建省、市、县三级农业专家指导组，形成‘专家＋农技人员＋示范基地＋示范主体＋辐射带动户’的链式推广服务模式。”黑龙江省农业农村厅负责人介绍。

“秸秆粉碎还田后，黑土地‘吃饱了’，明显有劲儿了，平均每垧地一年少用200斤化肥。”北大荒集团建三江分公司七星农场种植户说，“相关技术培训年年有，秸秆还田还有补贴，大伙儿积极性高。”

“施肥用有机肥，防虫用诱捕器，配合稻田养鸭或者养蟹，不必再喷施除草剂。”在齐齐哈尔市泰来县阿拉新村，2 000多亩水田探索稻蟹绿色种养，村党支部书记告诉记者，亩均效益预计比原来增加600多元。

3. 采取“长牙齿”的硬措施，落实最严格的耕地保护制度

黑龙江省严格落实耕地保护党政同责要求，把耕地保护作为刚性指标实行严格考核、一票否决、终身追责。2022年3月1日起，《黑龙江省黑土地保护利用条例》施行，明确要求“县级以上人民政府应当将黑土地保护目标完成情况纳入考核内容。考核结果应当作为领导干部综合考核评价、生态文明建设目标评价考核的重要依据”。

从2021年开始，双鸭山市四方台区太保镇东胜村党支部书记有了新头衔——村级田长。“一处小口子，越冲越大了。”2022年汛期，他在巡田中发现，一条侵蚀沟水土流失严重，随即上报镇级田长，“太保镇举一反三，在全镇范围开展排查，并对排查出的15条侵蚀沟开展综合治理”。

黑龙江共设置省、市、县、乡、村、网格和户七级田长338万余人，各级田长为本级黑土耕地保护责任人。

来自黑龙江省农业农村厅的数据显示，目前全省耕地质量平均等级为3.46等，高出东北黑土区平均水平0.13个等级；2021年，黑龙江粮食总产量达1 573.54亿斤，比上年增加65.34亿斤。

（资料来源：黑龙江大力推进高标准农田建设.人民日报，2022年8月24日1版.选入时有改动）

参考文献

[1] 薛剑，关小克，金凯 . 新时期高标准农田建设的理论方法与实践 [M]. 北京：中国农业出版社，2021.

[2] 王万茂，韩桐魁 . 土地利用规划学 [M]. 8 版 . 北京：中国农业出版社，2013.

[3] 周健民，沈仁芳 . 土壤学大辞典 [M]. 北京：科学出版社，2013.

[4] 朱道林 . 土地管理学 [M]. 2 版 . 北京：中国农业大学出版社，2016.

[5] 陶国树 . 高标准农田建设工作导则 [M]. 郑州：黄河水利出版社，2021.